多源遥感影像融合
——基于脉冲耦合神经网络的方法

李小军 徐欣钰 盖钧飞 编著

电子工业出版社
Publishing House of Electronics Industry
北京·BEIJING

内 容 简 介

本书从多源遥感成像机理和人眼视觉对影像的理解出发，研究了结合 PCNN 的配准算法及基于 PCNN 的全色影像、多光谱影像、高分辨率 SAR 影像、无人机航拍影像和高光谱影像等多源遥感影像融合的理论与算法。首先，简要介绍了多源遥感影像融合的起源与现状。其次，回顾了 PCNN 的几种常见模型。鉴于遥感影像配准是实现遥感影像像素级融合的前提，本书提出了两种基于自适应 PCNN 分割的遥感影像配准算法。在后续章节中，本书主要研究并提出了结合 PCNN 分割特性的全色锐化融合算法、参数优化的 PCNN 全色锐化融合算法、改进 PCNN 的全色锐化融合模型、基于 PCNN 的卫星多光谱影像与无人机航拍影像融合算法和基于 PCNN 的高光谱影像融合算法等。本书内容为作者团队多年来取得的科研成果，涵盖了基于 PCNN 及其改进模型在全色影像、多光谱影像、高分辨率 SAR 影像、无人机航拍影像和高光谱影像等多源遥感影像融合中的最新成果。这些成果不仅丰富了遥感影像配准与融合理论，也为相关领域的研究提供了借鉴与支持。

本书适合高校和科研院所中从事遥感影像融合研究的研究生阅读，也可供其他相关人员参考使用。

未经许可，不得以任何方式复制或抄袭本书之部分或全部内容。
版权所有，侵权必究。

图书在版编目（CIP）数据

多源遥感影像融合：基于脉冲耦合神经网络的方法 / 李小军等编著. -- 北京：电子工业出版社，2024. 8.
ISBN 978-7-121-48560-2

Ⅰ. TP751

中国国家版本馆 CIP 数据核字第 2024AU8201 号

责任编辑：谭海平
文字编辑：张萌萌
印　　刷：北京天宇星印刷厂
装　　订：北京天宇星印刷厂
出版发行：电子工业出版社
　　　　　北京市海淀区万寿路 173 信箱　　邮编：100036
开　　本：700×1000　1/16　　印张：9　　字数：151 千字
版　　次：2024 年 8 月第 1 版
印　　次：2024 年 8 月第 1 次印刷
定　　价：79.00 元

凡所购买电子工业出版社图书有缺损问题，请向购买书店调换。若书店售缺，请与本社发行部联系，联系及邮购电话：(010) 88254888, 88258888。
质量投诉请发邮件至 zlts@phei.com.cn, 盗版侵权举报请发邮件至 dbqq@phei.com.cn。
本书咨询联系方式：(010) 88254552, tan02@phei.com.cn。

前　　言

我国正在经历快速的城镇化发展阶段，人们对城镇环境中各类物体的细分及深层次解译的需求愈加迫切。面对这种需求，多光谱影像、高光谱影像可以提供精细的光谱信息，在变化检测、土壤成分检测、目标分类等应用领域发挥着越来越重要的作用。

由于传感器自身信噪比和通信下行链路的限制，因此光学遥感传感器在设计之初不得不在空间分辨率和光谱分辨率之间进行折中。多光谱影像虽然在光谱分辨率上表现较好，但不可避免地牺牲了空间分辨率。高光谱影像尽管拥有几十个甚至上百个窄波段光谱通道，但其空间分辨率却只有数十米甚至百米量级。这种折中导致影像中存在大量的混合像元，使对复杂目标（由不同的、较小的多类物质组成）的解译和监测变得异常困难，从而极大地限制了多光谱影像、高光谱影像的实际应用。

利用多光谱影像、高光谱影像融合技术，结合高空间分辨率数据的空间细节信息，能够显著提升高光谱影像的空间分辨率。相比多光谱影像、高光谱影像，全色影像的空间分辨率高且纹理细节丰富。然而，高分辨率合成孔径雷达（Synthetic Aperture Radar, SAR）影像不仅空间分辨率高，其散射信息也十分丰富（对不同材质和形状的地物散射强度不同），结构与轮廓信息明晰且具有一定的穿透能力。通过将全色影像、高分辨率 SAR 影像与多光谱影像、高光谱影像进行优势互补，有望解决多光谱影像、高光谱影像在空间分辨率和光谱分辨率上的本质矛盾。此外，影像融合的结果还能进一步获取雷达遥感的散射特征，从而极大地提高对后续复杂地物的解译能力。与卫星多光谱影像相比，无人机航拍影像的空间分辨率通常更高、纹理细节更丰富，但其缺乏多波段光谱信息。因此，研究卫星多光谱影像与无人机航拍影像的融合技术同样具有迫切的需求。

与传统的影像融合不同，多源遥感影像融合中存在许多传统融合算法难以解决的问题。首先，多光谱影像、高光谱影像和全色影像的范围并不完全重叠，这导致在获取空间细节信息时存在误差。其次，高分辨率 SAR 影像与多光谱影像、高光谱影像的成像机理存在显著差异，这导致融合质量的下降。再次，传统 SAR 影像融合在处理过程中较少考虑光谱保真的问题，因此融合结果往往过于强调影像的增强效果，而针对多光谱影像、高光谱影像的融合技术应尽可能保持原始数据的光谱特征，这样才能满足光谱解译的应用需求。脉冲耦合神经网络（Pulse Coupled Neural Network, PCNN）模型得益于对哺乳动物视皮层工作机理的研究，其原型是 20 世纪 90 年代由 Johnson 等提出的一种无训练的新型神经网络。鉴于 PCNN 模型是模仿哺乳动物视皮层工作机理的一类模型，它在影像分割、特征提取、影像增强、噪声滤波和影像融合等影像处理与模式识别领域表现出强大的功能。因此，人们有望将 PCNN 模型引入多源遥感影像融合领域，以全新的视角解决全色影像、多光谱影像、高光谱影像、高分辨率 SAR 影像、无人机航拍影像等多源遥感影像融合问题。

鉴于此，本书尝试结合多源遥感影像融合的特点，应用和改进具有人眼视觉特性的 PCNN 模型，并将其拓展到高分辨率 SAR 影像、全色影像、多光谱影像、高光谱影像和无人机航拍影像的融合研究中，旨在获取结构轮廓清晰和纹理特性细腻的融合影像，使融合影像的光谱扭曲更小、空间细节更丰富且更符合人眼视觉特性，从而实现对融合目标多角度、多平台、全方位的了解。

本书提出的基于 PCNN 的配准算法以及多种结合 PCNN 模型的多源遥感影像锐化融合算法不仅易于实施，还能有效获取高质量的光谱信息和细节纹理信息，且易于推广到多种遥感影像融合应用中，具有较高的理论价值和实践意义。

本书共包含 9 章，撰写分工如下：第 1 章、第 2 章、第 4 章至第 7 章以及第 9 章由李小军撰写；第 3 章由盖钧飞撰写；第 8 章由徐欣钰撰写。全书由李小军统稿。本书的出版得到了国家自然科学基金（编号：41861055）和中国博士后基金面上项目（编号：2019M653795）的资助。此外，特别感谢杨睿哲、李强强、张剑鑫和赵鹤婷等研究生为本书的文字修订工作所付出的辛勤努力。

前　言

在本书中，读者可扫描下方的二维码查看高清彩图，以辅助阅读与分析。

由于本书的研究内容跨度大、编程仿真量较多，加之作者水平有限，因此本书在理论和技术方面难免存在疏漏，诚挚欢迎广大读者批评指正，作者将在后续工作中进行进一步的完善。

彩图

目　录

第1章　绪论 ··· 1
  1.1　多源遥感影像融合的起源与发展 ································· 1
  1.2　多源遥感影像融合的意义 ·· 2
  1.3　多源遥感影像融合研究现状 ·· 4
      1.3.1　传统遥感影像全色锐化融合研究现状 ···················· 4
      1.3.2　基于视皮层神经网络的影像融合现状 ···················· 5
  1.4　多源遥感影像融合研究的关键问题 ······························ 5

第2章　PCNN 模型及特性 ··· 7
  2.1　PCNN 模型发展背景 ·· 7
  2.2　标准 PCNN 模型 ··· 9
      2.2.1　PCNN 模型描述 ·· 9
      2.2.2　PCNN 模型特性 ·· 11
  2.3　双输出 PCNN（Dual-output PCNN，DPCNN）模型 ····· 11
      2.3.1　DPCNN 模型描述 ··· 12
      2.3.2　DPCNN 模型特性 ··· 14
  2.4　彩色 DPCNN（Color DPCNN，CDPCNN）模型 ·········· 16
      2.4.1　HSV 彩色空间 ·· 16
      2.4.2　CDPCNN 模型描述 ·· 18
  2.5　SAPCNN 模型 ··· 20
      2.5.1　SAPCNN 模型设计 ··· 20
      2.5.2　SAPCNN 模型分析 ··· 21
  2.6　其他 PCNN 相关模型 ··· 24
      2.6.1　ICM 模型描述 ·· 24

	2.6.2	SCM 模型描述	25
	2.6.3	DQPCNN 模型描述	25
2.7	本章小结		26

第 3 章 结合 PCNN 模型的遥感影像配准 ... 27

3.1	研究背景		28
3.2	遥感影像配准国内外研究现状		28
	3.2.1	基于区域的影像配准算法	28
	3.2.2	基于特征的影像配准算法	29
3.3	基于自适应 PCNN 分割的遥感影像配准算法		31
	3.3.1	算法总体框架	32
	3.3.2	PCNN 影像分割	32
	3.3.3	参数自适应 PCNN 设计	34
	3.3.4	分割区域描述与匹配	36
	3.3.5	基于 FSC 的配准模型参数求解	39
	3.3.6	实验与分析	40
3.4	基于 PCNN 分割与点特征的多源遥感影像配准算法		43
	3.4.1	算法总体框架	44
	3.4.2	UR-SIFT 点特征提取与匹配	45
	3.4.3	自适应 PCNN 分割区域匹配	50
	3.4.4	实验与分析	51
3.5	本章小结		58

第 4 章 PCNN 分割特性与遥感影像全色锐化融合 ... 59

4.1	研究背景		59
4.2	PCNN 遥感影像分割		59
4.3	PSBP 算法		60
4.4	实验结果		62
	4.4.1	实验数据	62
	4.4.2	评价指标	63

	4.4.3 参数设置	63
	4.4.4 对比实验	64
4.5	本章小结	68

第5章 PCNN参数优化与遥感影像全色锐化融合 ··· 69
- 5.1 研究背景 ··· 69
- 5.2 SMA自适应PCNN参数优化算法 ··· 70
- 5.3 实验结果 ··· 71
  - 5.3.1 实验数据 ··· 71
  - 5.3.2 评价指标 ··· 72
  - 5.3.3 对比实验 ··· 72
  - 5.3.4 SAR影像与多光谱影像的融合实验结果 ··· 75
- 5.4 本章小结 ··· 77

第6章 遥感影像全色锐化融合模型 ··· 78
- 6.1 研究背景 ··· 78
- 6.2 PPCNN模型 ··· 78
  - 6.2.1 模型表达 ··· 78
  - 6.2.2 模型执行 ··· 80
  - 6.2.3 PPCNN模型在遥感影像融合中的应用 ··· 81
- 6.3 全色锐化融合实验结果 ··· 82
  - 6.3.1 实验数据集 ··· 82
  - 6.3.2 参数设置 ··· 83
  - 6.3.3 对比实验 ··· 84
- 6.4 雷达影像与光学影像实验 ··· 90
- 6.5 本章小结 ··· 92

第7章 基于PCNN的卫星多光谱影像与无人机航拍影像融合 ··· 93
- 7.1 研究背景 ··· 93
- 7.2 卫星多光谱影像与无人机航拍影像融合算法 ··· 94
- 7.3 实验结果 ··· 95

		7.3.1 实验数据集	95

7.3.1 实验数据集 ·· 95
7.3.2 PCNN 参数优化 ··· 96
7.3.3 融合质量评价指标 ··· 97
7.3.4 对比实验 ·· 97
7.4 本章小结 ·· 99

第 8 章 PCNN 与高光谱影像融合 100
8.1 研究背景 ·· 100
8.2 PCNN 与高光谱影像融合算法 ······································ 100
    8.2.1 算法总体框架 ·· 100
    8.2.2 MSD-MCC 波段匹配 ··· 101
    8.2.3 IPCNN 模型 ·· 102
    8.2.4 CSA 优化 IPCNN 关键参数 ·································· 104
    8.2.5 提取影像细节 ·· 105
    8.2.6 自适应细节注入与融合输出 ·································· 106
8.3 实验结果 ·· 107
    8.3.1 实验数据集 ·· 107
    8.3.2 参数设置 ·· 108
    8.3.3 实验观测结果 ·· 110
    8.3.4 消融实验 ·· 115
8.4 本章小结 ·· 118

第 9 章 总结与展望 119
9.1 多源遥感影像配准与融合的研究总结 ······························· 119
9.2 多源遥感影像融合的发展趋势 ······································ 121

参考文献 ·· 122

第1章 绪　　论

多源遥感影像融合是按照某种规则将单一传感器不同时相的影像信息或多个传感器对同一场景的影像信息进行整理综合，尽力消除影像信息间的冗余性，充分利用影像信息间的互补性，从而获得信息更精确、更全面的融合影像。在遥感数字影像中，全色影像的空间分辨率较高，但只涉及单个光谱波段且缺乏光谱信息，而多光谱影像具有多个光谱波段且光谱信息丰富，但其空间分辨率较低，清晰度差。高光谱影像具有几十个至几百个光谱波段，光谱信息极其丰富，这有利于对地物类别的识别，但其空间分辨率极低。因此，将多源遥感影像进行融合，有利于综合多源遥感影像丰富的细节信息和光谱信息，从而提高影像信息的利用率[1]。

1.1　多源遥感影像融合的起源与发展

遥感数据融合起源于影像融合与遥感信息处理交叉学科的结合，后续演变为遥感影像融合。对遥感影像融合的定义，不同学者有不同的见解，最早的定义在文献[2]中提出，中国学者贾永红[3]等也给出过定义。文献[4]中认为，遥感影像融合是在某种调查背景下，协同两个或两个以上的影像，来获得比单一影像更丰富的信息。

多源遥感影像融合的发展是随着遥感传感器的发展而发展的，早期融合的目标主要侧重于提升多光谱影像的空间分辨率。后来，随着各种不同类型的传感器研发成功和小波理论的发展，遥感影像融合的质量得到了一定的提升。2016年，形态学滤波算法被引入遥感影像融合领域。近年来，神经网络算法引起大多数学者的注意，并衍生出了很多监督和无监督的遥感影像融合模型。

1.2 多源遥感影像融合的意义

星载遥感传感器通过光谱采样可以获得不同波段的多光谱影像、高光谱影像，已经成为包括城市土地利用[5]、土壤分析[6]、地物分类[7]和场景解译[8]等遥感应用的主要方法。然而，受光学遥感传感器信噪比和通信下行链路的限制，遥感传感器设计之初需要在空间分辨率和光谱分辨率之间进行折中。尽管星载遥感传感器的空间分辨率近年来已达到多光谱影像的米级（高分一号为 8m，高分二号为 3.5m）和高光谱影像的数十米级（高分五号为 30m），但这种折中在面对复杂目标，特别是城市中的独立小目标对象时，仍不能满足对地物精确细分的要求，从而极大地限制了多光谱影像、高光谱影像的广泛应用。

全色锐化融合技术可使多光谱影像的空间分辨率提升到全色影像尺度，这在一定程度上能缓解遥感影像光谱分辨率与空间分辨率的矛盾。相似的技术也可应用于高光谱影像中，并且能将高光谱影像的空间分辨率提升到多光谱影像的空间分辨率甚至全色影像的空间分辨率。然而，传统全色锐化融合算法对影像空间尺度的提升有限，在面对空间分辨率更高的遥感影像时（如无人机航拍影像等），其光谱质量严重恶化，空间细节纹理也将面临因输入影像尺度因子差异过大而带来的方块效应，从而产生细节模糊。

空间分辨率和光谱分辨率的快速提高是遥感发展的重要标志，将人工智能应用于遥感数据分析中，将实现更加智慧化的遥感处理[9]。以脉冲耦合神经网络（Pulse Coupled Neural Network，PCNN）为代表的视皮层神经网络模型得益于对哺乳动物视皮层工作机理的研究，其原型是 20 世纪 90 年代由 Johnson 等提出的一种无训练的新型神经网络[10]。鉴于 PCNN 模型是模仿哺乳动物视皮层工作机理的一类模型，它在影像分割、特征提取、影像增强、噪声滤波、影像融合等影像处理与模式识别领域表现出强大的功能[11-13]。因此，人们有望将 PCNN 模型引入多源遥感影像融合领域，以全新的视角解决全色影像、多光谱影像、高光谱影像、高分辨率合成孔径雷达（Synthetic Aperture Radar，SAR）影像、无人机航拍影像等多源遥感影像融合问题。

鉴于此，本书立足多源遥感影像的特点，结合 PCNN 的理论和算法，开展基于 PCNN 模型的多源遥感影像锐化融合技术的研究，以获取光谱失真更小、空间细节更丰富、空间分辨率更高、更符合人眼视觉特性的锐化融合影像。本书旨在解决多光谱影像的光谱分辨率和空间分辨率的矛盾，从而满足人们对日益复杂的城市环境中的空间异质性、复杂地物变化以及类物细分的深层次遥感信息解译的需求。

因此，研究结合 PCNN 的多源遥感影像锐化融合算法的意义，至少有以下 3 个方面。

（1）高空间分辨率遥感影像的锐化融合技术仍需要深入探索。目前，对高空间分辨率多光谱影像的锐化融合研究较少，且大多沿用传统的中空间分辨率、低空间分辨率的多光谱融合算法。因此，需要探寻对高空间分辨率遥感影像像素、光谱和空间细节等特征的新的理解手段，突破传统锐化融合算法的瓶颈，在光谱和空间细节两个度量层上实现完美锐化融合。

（2）开展大尺度差异下的全色锐化融合技术是发展遥感信息解译的必然要求。星载多光谱影像的空间分辨率虽然已达到米级（高分一号为 8m，高分二号为 3.5m），但在面对精细复杂目标时仍然不能满足对地物精确细分的要求。此时，开展以无人机航拍影像为代表的亚米级更高空间分辨率航拍影像与卫星多光谱影像大尺度空间分辨率差异下的锐化融合研究，可解决多光谱影像光谱分辨率和空间分辨率的本质矛盾。此外，高分辨率多光谱影像与高光谱影像（高分五号为 30m）也具有较大的空间分辨率尺度差异，如果只是简单挪用现有的全色锐化融合算法，则很难获得理想的融合精度。对该种大空间尺度差异下锐化融合技术的研究，能够满足人们对越来越复杂的城市环境中的空间异质性、复杂地物变化以及类物细分的深层次遥感信息解译的需求。

（3）探讨视皮层神经网络的遥感影像模型有助于多源遥感影像处理算法的拓展。一般情况下，很难直接将传统的遥感影像融合算法应用于多源遥感影像的全色锐化融合中，此时，需要对符合人眼视觉特性的视皮层神经网络模型进行分析和改进，并将其应用在多源遥感影像融合中，从而拓展多源遥感影像融合算法，推动人眼视觉特性在遥感影像处理领域的应用和发展。

1.3 多源遥感影像融合研究现状

鉴于基于视皮层神经网络的高分辨率大空间尺度多光谱影像全色锐化融合研究尚处于起步阶段，因此，下面将从传统多源遥感影像锐化融合展开。此外，由于考虑光谱保真的视皮层神经网络遥感影像锐化融合算法的文献较少，因此，下面主要对较相似的基于视皮层神经网络的遥感影像融合及相应的多源遥感影像融合算法阐述当前的研究现状。

1.3.1 传统遥感影像全色锐化融合研究现状

随着光学遥感传感器的发展，空间细节信息和光谱信息的融合一直是众多学者研究的热点。该融合中最具代表性的为全色锐化融合算法，主要包括成分替代算法、多分辨率分析算法和贝叶斯估计算法等[14]。

经典的成分替代算法包括 IHS 变换算法[15]、主成分分析算法[16]和格拉姆-施密特变换算法[17]等。其中，IHS 变换算法可以较好地保留空间细节信息，但是该类算法对光谱信息影响较大，特别是对大于全色光谱范围的光谱失真较为严重；主成分分析算法主要利用高空间分辨率的全色影像替换多光谱影像的第一主成分，但简单的主成分替换将导致光谱信息缺失；格拉姆-施密特变换算法运算简单，且融合结果色调丰富，提高了融合影像的主观效果，但光谱失真较大。

多分辨率分析算法采用多尺度分解来获得高分辨率影像的空间细节信息，然后将其添加到空间细节信息不足的低分辨率多光谱影像中。空间细节信息的获取手段主要包括小波变换[18]、非采样小波[19]、孔小波变换[20-21]、拉普拉斯金字塔算法[22]、轮廓波[23]和曲小波[24]等。多分辨率分析算法在传统的全色影像与多光谱影像融合中得到了较好的应用，但是要将其推广到多源遥感影像融合中还需要进一步考虑影像之间的尺度差异问题。由于多源遥感影像很少获取于同一平台，因此它们之间分辨率的尺度差异很难成为确定的整数倍，这使多分辨率采样分解和滤波器的设计难以实现。在文献[25]中，丰明博等提出了一种多光谱影像的投影和小波融合算法，然而，利用离散小波变换的采样处理对高频系数筛选后并不能保证重构的正交性，反而会导致一定的重构失真和方块效应。

另一类经典的融合算法为贝叶斯估计算法，它主要通过构建全色影像、多光谱影像与目标影像的相似度函数，获取目标影像的先验概率以提升目标性能[26]。然而，这类算法的计算复杂度太高，特别是计算高分辨率影像融合时比较耗时。同时，其融合结果依赖先验知识，即先验知识不足的非代表性影像融合结果较差。

已有的全色锐化融合算法大多只考虑了多光谱影像与其对应的全色影像锐化融合，较少涉及空间分辨率更高的遥感影像（如亚米级的无人机航拍影像等）的全色锐化融合，这是因为采用传统算法将多光谱影像与更高空间分辨率的影像融合时，存在空间尺度差异过大且不为整数倍、光谱质量严重恶化、空间细节的方块效应凸显等问题。由此可见，关于大空间尺度差异的全色锐化融合研究仍然处于起步阶段。

1.3.2　基于视皮层神经网络的影像融合现状

PCNN 模型是一类基于哺乳动物视皮层工作机理的模型，其中，最具代表性的是由 Johnson 等最早提出的 PCNN 模型[11, 27, 28]。随后，在保持其基本视觉特性的同时，相关学者根据影像处理的特点提出了相应的改进模型，包括可被数字影像处理通用的交叉皮层模型[29]、尖峰皮层模型[30]和量子 PCNN 模型[13]等。针对影像融合任务，相关学者提出了相应的融合模型，包括双通道 PCNN 模型[31]、延展双通道模型[32]、纹理分析模型[33]、聚合 PCNN 模型[34]和双输出 PCNN 模型[35]等。这些模型在多聚焦影像和医学影像融合上获得了广泛应用，但并不适用于多光谱影像融合，这是因为它们会产生较大的光谱失真。近年来，越来越多的学者开始关注视皮层神经网络模型在遥感影像融合中的应用，Shi 等[36]和金星等[37]分别提出一种 PCNN 和曲小波或轮廓波相结合的多源遥感影像融合算法，这些融合算法本质是对影像的增强，且能获得较好的影像细节，但都没有考虑光谱保真的问题。

1.4　多源遥感影像融合研究的关键问题

综上所述，锐化融合作为遥感影像融合的基础研究，其在光谱保真和细节保持上仍有提升的空间。此外，关于大空间尺度差异的全色锐化融合研究尚处于起步阶段。为充分发挥 PCNN 模型在遥感影像融合系统各个环节中的作用，仍需要对其进行进一步的优化和改进。因此，要完成基于 PCNN 的多源遥感影像融合的研究任务，还需要解决以下 3 个关键问题。

（1）多光谱影像的全色锐化融合一直是遥感影像处理中重要的基础研究之一。近年来，随着高分辨率影像的普及和实用化，人们对难度更大的高分辨率影像全色锐化融合的需求也与日俱增。由于高分辨率影像的纹理和轮廓更加精细，传统的全色锐化融合算法在光谱细节保真和空间细节保持上均已达到瓶颈，因此需要开展对更符合人眼视觉特性的，且全新的全色锐化融合方案的探索。

（2）为进一步提高多光谱影像、高光谱影像的空间分辨率，可考虑采用亚米级的无人机航拍影像与米级的高分辨率多光谱影像进行融合。针对高光谱影像，可考虑采用高分辨率多光谱影像与其融合。卫星多光谱影像与无人机航拍影像，或高光谱影像与高分辨率多光谱影像，它们的空间尺度差异很大且光谱范围并不完全重叠，即成像机理不同。因此，如果要使融合结果在保持良好的光谱分辨率的前提下，还能获得高分辨率航拍影像亚米级或高分辨率多光谱影像米级的空间分辨率，就应该考虑光谱的空间结构。此外，因为较大的尺度差异会使插值结果不是十分可靠，同时光谱范围的差异也会带来融合结果中光谱范围外较大的光谱失真。所以，必须设计新的融合思路，开展对大空间尺度差异下的多源遥感影像锐化融合的研究。

（3）目前，PCNN 相关模型更符合人眼视觉特性对影像的理解，在影像去噪、影像分割、影像融合、特征分析中均成功获得了运用。然而，如何结合高分辨率多光谱传感器、高光谱传感器、全色传感器、SAR 传感器和无人机航拍传感器等不同传感器的特点，在保持人眼视觉特性的同时，改进脉冲发放模型，使其在多源遥感影像锐化融合中的影像配准、影像融合判据中发挥作用，获得更符合人眼视觉特性的影像融合结果，仍然是一个需要解决的难题。

第 2 章　PCNN 模型及特性

人工神经网络是以实际生物神经元的结构和功能为基础，仿效生物神经系统特定方面的结构和功能的数学或计算模型。整个人工神经网络由大量简单的神经元组成，通过各个神经元之间的相互作用来完成复杂的非线性信号处理任务。同时，人工神经网络多是一个并行处理的系统，即个别神经元的非正常工作状态不会对整个系统产生较大的影响，这提高了整个系统的稳定性和鲁棒性。人工神经网络的智能认知决策行为、简单的神经元设计以及在不同应用环境中的通用性，使它在影像处理、模式识别、生物医学工程、非线性优化、语音处理、自动控制以及机器人智能等方面有广泛的应用前景。

PCNN 模型属于第三代神经网络模型，实现了对视皮层工作机理的模拟，更符合人眼视觉特性中对影像的理解，在影像去噪、影像分割、影像融合、特征分析中成功获得了运用。此外，相关学者基于 PCNN 模型本身，还提出了许多 PCNN 的改进模型。Wang 等在简化 PCNN（Simplified PCNN, SPCNN）模型上，直接建立了网络参数与分割结果的关系[38]；Yan 等针对三维物体形状恢复任务提出了一种聚合 PCNN（Aggregation PCNN, APCNN）模型[39]；近年来，Wang 等提出了一种量子 PCNN（Quantum PCNN, QPCNN）模型，利用量子并行计算极大提高了神经网络的计算效率，并在该模型基础上提出了以影像融合为应用背景的双通道 QPCNN（Dual-channel QPCNN, DQPCNN）模型[13]。其他的改进模型都是基于 Johnson 等提出的标准 PCNN 模型演化而来的[10, 27]。本章主要阐述在影像处理中常见的一些 PCNN 模型的产生与发展过程，并介绍这些模型的定义与特点。

2.1　PCNN 模型发展背景

人工神经网络作为人工智能的一个重要分支，是根据哺乳动物大脑神经元的结构、连接和工作机理建立的一种模拟大脑复杂非线性信号处理的数学模型。

最早的人工神经网络模型是由 Pitts 和 Mcculloch 等在 20 世纪 40 年代构建的 MP 模型[40]。MP 模型首次模拟了神经元之间信号的加权传递及非线性激发后的脉冲发放等神经网络信号处理过程，但 MP 模型中的权重向量为固定权重，即无法自动学习与更新。随后，1957 年和 1986 年，Frank 和 Rumelhart 等分别提出了多层感知机（MuLtilayer Perceptron，MLP）模型和反向传播神经网络（Back Propagation Neural Network，BPNN）模型。MLP 模型通过样本迭代来更新神经元之间的连接权重，BPNN 模型则通过梯度下降法更新网络。1989 年，Eckhorn 等发现哺乳动物大脑皮层的不同区域之间具有脉冲串同步振荡的现象，并基于相似神经元区域的脉冲同步发放现象提出了新的人工神经网络模型[41-43]。该类模型不同于传统的 MP 模型、MLP 模型和 BPNN 模型，是一种根据神经元内部构造和特性启发而来的、更符合神经元工作机理的第三代神经网络模型。Eckhorn 神经元模型中包括反馈输入和连接输入。反馈输入可以同时接收外部刺激和局部刺激，而连接输入只能接收局部刺激。其中，膜电压由反馈输入和连接输入通过二阶的方式联合产生。神经元的输出由膜电压和局部阈值的比较来实现。同样，Rybak 等根据在豚鼠视皮层中发现的类似现象提出了他们的 Rybak 神经元模型[44-45]。随后，Johnson 等对 Eckhorn 神经元模型和 Rybak 神经元模型进行改良，提出了 PCNN 模型，这使脉冲发放模型更容易应用于实际的影像处理和模式识别任务中[10, 27]。PCNN 模型不需要大规模的样本库和复杂的迭代训练，且更符合视皮层神经网络的信号处理机制，因此被广泛应用于各种影像和信号处理任务中[12, 28, 46, 47]。Lzhikevich 等在数学上对 PCNN 模型进行了分析[48-49]，证实了它与实际的生物细胞模型相一致，这奠定了 PCNN 模型的数学理论基础。

目前，PCNN 模型及其相关模型在影像处理、模式识别和组合优化等领域得到了快速发展。例如，在影像去噪[50]、影像分割[51-52]、影像编码[53]、影像融合[31, 54, 55-57]、特征提取[58-59]、组合优化[60]、目标识别[61]和凹点检测[62]等方面得到了广泛应用。

2.2 标准 PCNN 模型

2.2.1 PCNN 模型描述

众所周知，大脑通过复杂的视皮层神经网络感知外部环境。视皮层神经元结构如图 2.1 所示。每个神经元均是由细胞体、轴突、树突和突触组成的。一方面，当前神经元的细胞体通过树突接收来自其他相邻若干神经元的加权信号，使其膜电压逐步刺激上升。当膜电压大于神经元自身膜电压阈值时，神经元产生电脉冲，并通过轴突和突触发放出来。另一方面，神经元通过轴突与其他神经元相互连接，来传递电脉冲给其他的神经元，从而在神经网络中实现信息的传递与交流。

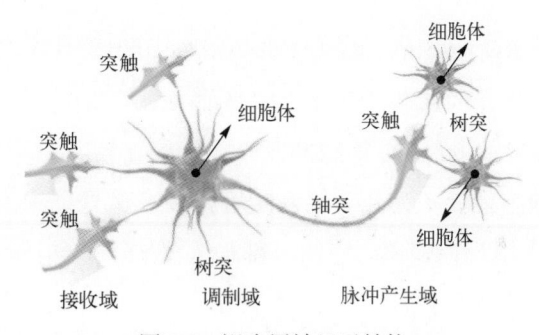

图 2.1 视皮层神经元结构

通过研究视皮层神经元的结构，Johnson 等提出了 PCNN 模型[10]。该模型最初是基于哺乳动物视皮层工作机理建立的。PCNN 模型的神经元结构如图 2.2 所示，每个神经元由 3 部分组成，分别为接收域（Receptive Field, RF）、调制域（Modulation Field, MF）及脉冲产生域（Pulse Generator Field, PGF）。PCNN 模型的数学描述为

$$F_{ij}[n] = e^{-\alpha_F} F_{ij}[n-1] + V_F \sum_{kl} M_{ijkl} Y_{kl}[n-1] + I_{ij} \tag{2.1}$$

$$L_{ij}[n] = e^{-\alpha_L} L_{ij}[n-1] + V_L \sum_{kl} W_{ijkl} Y_{kl}[n-1] \tag{2.2}$$

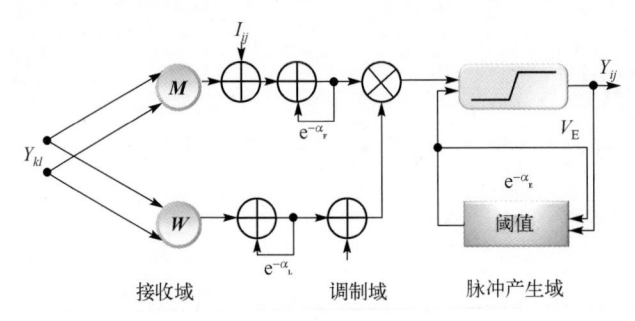

图 2.2　PCNN 模型的神经元结构

$$U_{ij}[n] = F_{ij}[n](1+\beta L_{ij}[n]) \tag{2.3}$$

$$Y_{ij}[n] = \begin{cases} 1, & U_{ij}[n] > E_{ij}[n] \\ 0, & 其他 \end{cases} \tag{2.4}$$

$$E_{ij}[n+1] = e^{-\alpha_E} E_{ij}[n] + V_E Y_{ij}[n] \tag{2.5}$$

式中，下标 ij 表示当前神经元，即数字影像矩阵中的第 i 行、第 j 列像素。下标 kl 表示下标为 ij 神经元的邻域神经元，即当前中心像素的 8 个邻域像素。Y_{kl} 表示邻域神经元突触发放的脉冲，该脉冲通过突触权重系数 M 和 W 经过树突传递给当前神经元的细胞体。I 为外部输入激励，在影像处理中为影像的像素值。式（2.1）中的 F 表示反馈输入，它由外部输入激励 I、邻域神经元输出脉冲加权结果 MY 和自身衰减项组成。V_F 为反馈输入中的标准化常量，α_F 为时间衰减常量。式（2.2）中的 L 表示连接输入，它由邻域神经元输出脉冲加权结果 WY 和自身衰减项组成。V_L 为连接输入中的标准化常量，α_L 为时间衰减常量。当没有邻域神经元影响时，连接输入 L 随着迭代次数的增加，按照 $e^{-\alpha_L}$ 呈指数衰减。如果邻域神经元在上一次迭代中发放了脉冲，则连接输入 L 的衰减减缓。当邻域神经元发放脉冲较多，甚至发放脉冲突然增大时，内部活动项 U 由 F 和 L 调制获得。若 U 在当前迭代中大于细胞体阈值 E，则当前神经元被激发而发放脉冲。细胞体阈值 E 并不是一个固定的常量，而是会随着迭代次数的增加，按照 $e^{-\alpha_E}$ 呈指数衰减。若当前神经元被激发而发放脉冲，则细胞体阈值 E 会立刻提升其阈值，从而获得一个增量 V_E。

2.2.2 PCNN 模型特性

PCNN 模型的独特结构使其具有以下 6 点特性。

（1）同步脉冲发放特性是指具有相似状态（如相似的邻域和激励）的神经元可能同时被激发，从而发放同步脉冲。这种神经元的集群特性能够促使相似区域的神经元同时被激发或被抑制，从而为 PCNN 模型在影像分割领域的应用提供了重要的基础。

（2）阈值动态变化特性是指神经元在未被激发时，其活动阈值是按照指数规律衰减的，而一旦神经元被激发，其活动阈值就会相应升高。

（3）非线性相乘调制是指神经元的反馈输入和连接输入之间通过相乘调制来得到神经元的内部活动项。

（4）自动波特性是指单个神经元的激发会通过突触影响到周围神经元的状态，这种影响以一种波的形式扩散。随着迭代的进行，最初神经元产生的脉冲会在网络中扩散传播，最终形成脉冲波。

（5）无训练机制是指 PCNN 模型不需要对网络预先训练就可以完成数据处理。

（6）并行处理机制是指神经元之间的耦合是并行的，它允许网络对所有神经元进行并行处理。

将 PCNN 模型应用于数字影像处理时，它的神经元对应数字影像中的像素，每个影像的像素值作为 PCNN 模型神经元的外部输入激励。因此，对 $M \times N$ 大小的影像，网络相应具有 $M \times N$ 个神经元。一旦某个神经元被激发而点火，它的邻域神经元就会捕获它的点火脉冲，使邻域中与它具有相似性质的神经元提前发放脉冲。因此，在一次迭代中，具有相似状态的神经元可能被同时激发而发放同步脉冲，且随着时间的推移，这种脉冲会以自动波的形式向外传播。这就产生了 PCNN 模型特有的综合时空特性，即同一时刻的不同神经元脉冲发放现象反映了静态的空间特性，不同时刻脉冲输出的多少和顺序则反映了动态的时间特性。

2.3 双输出 PCNN（Dual-output PCNN，DPCNN）模型

由于 PCNN 模型产生的脉冲序列能够表示影像的边缘、纹理和分割等信息，

因此其能够提取有效的影像特征。然而，PCNN 模型在特征提取方面仍然存在一些局限性，例如，整个神经元模型中只有一个脉冲产生器，即神经元的激发缺乏补偿机制；在邻域神经元对当前神经元的影响中，没有考虑外部输入激励大小本身的影响；外部输入激励一直保持不变。鉴于此，本节提出一种 DPCNN 模型，通过对标准 PCNN 模型进行针对性的改进，旨在克服其存在的缺陷。

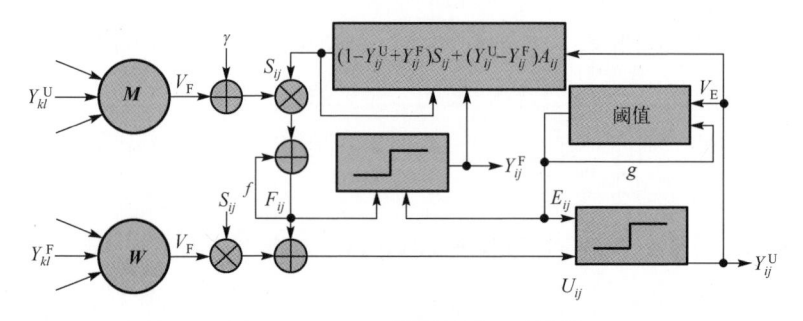

2.3.1 DPCNN 模型描述

DPCNN 模型的神经元结构如图 2.3 所示，与标准 PCNN 模型相比，DPCNN 模型有以下 3 个特点。① DPCNN 模型有两个脉冲产生器。② 神经元的外部输入激励 S 会根据当前输出的 Y^F 和 Y^U 的值而变化。③ 神经元 ij 接收的来自邻域神经元的局部刺激受到外部输入激励 S_{ij} 的控制。DPCNN 模型的数学描述为

$$F_{ij}[n] = f \times F_{ij}[n-1] + S_{ij}[n]\left(\gamma + V_F \sum_{kl} M_{ijkl} Y_{kl}^U[n-1]\right) \tag{2.6}$$

$$Y_{ij}^F[n] = \begin{cases} 1, & F_{ij}[n] > E_{ij}[n] \\ 0, & 其他 \end{cases} \tag{2.7}$$

$$U_{ij}[n] = F_{ij}[n] + V_U S_{ij}[n] \sum_{kl} W_{ijkl} Y_{kl}^F[n] \tag{2.8}$$

$$Y_{ij}^U[n] = \begin{cases} 1, & U_{ij}[n] > E_{ij}[n] \\ 0, & 其他 \end{cases} \tag{2.9}$$

$$E_{ij}[n+1] = g \times E_{ij}[n] + V_E Y_{ij}^U[n] \tag{2.10}$$

$$S_{ij}[n+1] = (1 - Y_{ij}^U[n] + Y_{ij}^F[n])S_{ij}[n] + (Y_{ij}^U[n] - Y_{ij}^F[n])A_{ij} \tag{2.11}$$

图 2.3 DPCNN 模型的神经元结构

第 2 章　PCNN 模型及特性

在 DPCNN 模型中，f 和 g 为大于 0 且小于 1 的衰减常量。V_F、V_U 和 V_E 为标准化常量。S 表示外部输入激励，M 和 W 是当前神经元与邻域神经元通信的连接权重。γ 为决定外部输入激励强度的一个常量。反馈输出脉冲 Y^F 的值由反馈输入 F 和活动阈值 E 的值决定。同时，补偿输出脉冲 Y^U 的值是通过对内部活动项 U 和活动阈值 E 的比较而得到的。此外，A 为校正值。

DPCNN 模型的每个神经元都是活动神经元，它能够通过神经元的反馈输入或内部活动项的激发而点火，从而产生输出脉冲。具体来说，首先，反馈输入 F_{ij} 受到外部输入激励以及邻域神经元补偿输出脉冲的影响而发生改变。一旦反馈输入 F_{ij} 的值超过活动阈值 E_{ij}，神经元 ij 就产生反馈输出脉冲。然后，来自邻域神经元的反馈输出脉冲、反馈输入以及外部输入激励的共同作用会改变内部活动项 U_{ij} 的值。一旦神经元 ij 的内部活动项超过它的活动阈值，就会产生补偿输出脉冲。最后，更新活动阈值 E_{ij} 和外部输入激励 S_{ij} 的值。

在描述 DPCNN 模型的执行步骤之前，先定义一些符号的含义。符号"·"表示两个矩阵对应位置的元素相乘；符号"×"表示一个常量和矩阵相乘；符号"⊗"表示两个矩阵的卷积。DPCNN 模型按照以下 6 个步骤执行。

（1）初始化参数和矩阵。令 $F = Y^F = Y^U = 0$ 及 $E = [1]$，迭代次数 $n = 1$，总迭代次数为 N。将外部输入激励 I 的所有值归一化到区间 $[0,1]$（若输入为影像，则外部输入激励为影像的像素值）。将外部输入激励的初始值赋值为 $S = I$。参数（M、W、f、g、γ、V_F、V_U 和 V_E）的值根据具体情况手动设置，其中，f 和 g 被设置为大于 0 且小于 1 的常量。通常情况下，$K = M = W$，$A_{ij} = \sum_{kl} K_{ijkl} I_{kl} / \sigma_{ij}$，$\sigma_{ij} = \sum_{kl} K_{ijkl}$。

（2）$F[n] = f \times F[n-1] + S[n] \cdot (\gamma + V_F \times Y^U[n-1] \otimes M)$。如果 $F_{ij}[n] > E_{ij}[n]$，则 $Y^F_{ij}[n] = 1$，否则 $Y^F_{ij}[n] = 0$。

（3）$U[n] = F[n] + V_U \times S[n] \cdot (Y^F[n] \otimes W)$。如果 $U_{ij}[n] > E_{ij}[n]$，则 $Y^U_{ij}[n] = 1$，否则 $Y^U_{ij}[n] = 0$。

（4）如果 $Y^U_{ij}[n] = 0$，则 $E_{ij}[n+1] = g \times E_{ij}[n]$，否则 $E_{ij}[n+1] = V_E + g \times E_{ij}[n]$。

（5）更新外部输入激励 S。$S[n+1] = (1 - Y^U[n] + Y^F[n]) \cdot S[n] + (Y^U[n] - Y^F[n]) \cdot A$。

（6）如果 $n < N$，则使 $n = n + 1$，并返回步骤（2），否则结束迭代。

2.3.2 DPCNN 模型特性

DPCNN 模型继承了标准 PCNN 模型的一些特性，例如，同步脉冲发放特性和阈值动态变化特性。假设神经元 ij 在迭代次数为 n_0 时产生了第一个补偿输出脉冲，并且在经过 T 次迭代后又产生了第二个补偿输出脉冲，则神经元在第一次迭代时的活动阈值为

$$E_{ij}[1] = g \times E_{ij}[0] + V_E Y_{ij}^U[0] = g \tag{2.12}$$

当 $n \leqslant n_0$ 时，得到

$$E_{ij}[n] = g^n = e^{n\ln(g)} \tag{2.13}$$

当 $n_0 < n \leqslant n_0 + T$ 时，第 n 次迭代的活动阈值为

$$E_{ij}[n] = g^n + V_E g^{n-n_0-1} = (1 + V_E g^{-(n_0+1)})e^{n\ln(g)} = \varepsilon e^{n\ln(g)} \tag{2.14}$$

式（2.14）中 ε 为一个常量。因此，可以得到活动阈值是按照指数衰减的结论。同理，相似的结论也可以在第 $n_0 + T$ 次的后续迭代中得到。活动阈值的指数衰减特性曲线（$g = 0.8$）如图 2.4 所示。假设神经元 ij 的补偿输出脉冲在第 m 次迭代中产生，则

$$U_{ij}[m] \approx E_{ij}[m] = \varepsilon e^{m\ln(g)} \tag{2.15}$$

因此，得到

$$m \approx \frac{\ln(U_{ij}[m])}{\ln(g)} - \frac{\ln(\varepsilon)}{\ln(g)} \tag{2.16}$$

根据式（2.6）和式（2.7），得到

$$U_{ij}[m] = f \times F_{ij}[m-1] + S_{ij}[m]\left(\gamma + V_F \sum_{kl} M_{ijkl} Y_{kl}^U[m-1] + V_U \sum_{kl} W_{ijkl} Y_{kl}^F[m]\right) \tag{2.17}$$

由于在 DPCNN 模型中，邻域神经元对当前神经元的影响受到外部输入激励 S_{ij} 的调制，因此根据式（2.17），可以将内部活动项 U_{ij} 看为是对 S_{ij} 的累积。换句话说，内部活动项 U 是对外部输入激励 S 的另一种表述。因此，如果把产生补偿输出脉冲的迭代时间作为对外部输入激励的一种感知，式（2.16）可以说明 DPCNN

模型符合韦伯-费克内定律（韦伯-费克内定律认为感知强度与刺激大小之间为对数关系）。可见，DPCNN 模型符合人眼视觉特性。

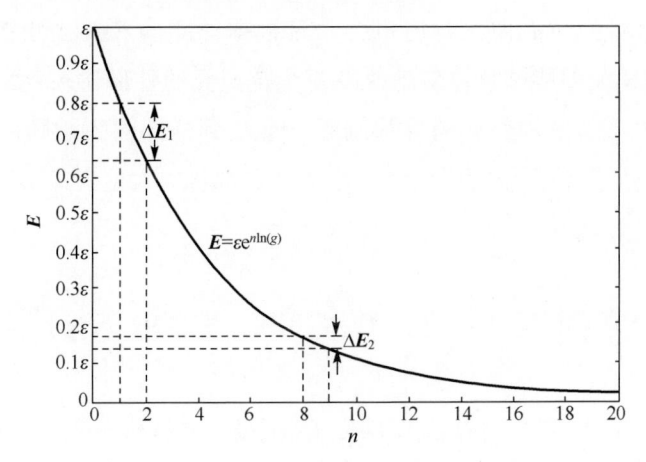

图 2.4　活动阈值的指数衰减特性曲线（$g = 0.8$）

从图 2.4 中还可以得到活动阈值的另一个特点，即它会导致较小内部活动项的神经元相比较大内部活动项的神经元具有更高的分辨能力。因此，在处理影像时，低灰度区域特定大小的对比度变化会被处理得更为精细，而高灰度区域特定大小的对比度变化会被处理得更为粗糙。

此外，DPCNN 模型不同于其他 PCNN 相关模型的一个特点是它具有两个脉冲产生器，一个用来产生反馈输出脉冲 Y^F，另一个用来产生补偿输出脉冲 Y^U。在处理一幅受到噪声污染的影像时，使用标准 PCNN 模型可能会导致被噪声污染的神经元与其邻域神经元之间的同步脉冲发放受到干扰，进而使其激发时间提前或延迟。这会导致输出二值脉冲影像的不稳定。然而，根据式（2.8）和式（2.9）可以发现，DPCNN 模型神经元的补偿机制可以捕获邻域神经元在当前迭代中产生的脉冲。这种补偿机制增大了被噪声污染的神经元与其邻域神经元同步发放脉冲的概率。

由式（2.11）可以看出，DPCNN 模型的另一个特性是允许其外部输入激励 S 能够实时改变。在当前迭代过程中，如果神经元因内部活动项而被激发，而非反馈输入所激发，那么该神经元将根据其校正值来更新外部输入激励。这里的"神经元被激发"指的是，不论是由反馈输入还是内部活动项引起的激发，人们都统一视其为神经元被激发的状态。

与标准 PCNN 模型相比，DPCNN 模型有以下 4 个新的特点。① DPCNN 模型的每个神经元具有两次响应机会，且根据外部输入激励可能触发激发状态；② DPCNN 模型能够自适应地改变每个神经元的外部输入激励大小；③ 神经元接收的来自邻域神经元的局部刺激，会受到外部输入激励调制的影响；④ DPCNN 模型符合人眼视觉特性。这些特点都将极大地促进 DPCNN 模型在影像处理领域的应用。

2.4 彩色 DPCNN（Color DPCNN，CDPCNN）模型

这一节提出了一种彩色补偿的 DPCNN 模型，并将该模型应用于对彩色纹理影像的检索中。彩色补偿的 DPCNN 模型是针对彩色纹理处理而提出的改进 DPCNN 模型，能够处理彩色通道。该模型同时考虑了 HSV 彩色空间中关于色调（Hue, H）、色饱和度（Saturation, S）和明度（Value, V）3 个通道的像素值。为方便描述，下文将具有彩色补偿的 DPCNN 模型简称为彩色 DPCNN(Color DPCNN，CDPCNN) 模型。

2.4.1 HSV 彩色空间

HSV 彩色空间的 3 个基本颜色参数分别为色调、色饱和度和明度。色调指颜色的种类，是人眼对不同波长光的视觉感知结果，例如，红色、蓝色、黄色、紫色等就代表了不同的色调。色饱和度用来表示颜色的深浅程度，其值越大，颜色越深，相反，其值越小，颜色越浅。具体来说，色饱和度反映了纯色被白光稀释的程度。以蓝色为例，当色饱和度的值较大时，为深蓝色，而当色饱和度的值较小时，为浅蓝色。明度是人眼对光明亮程度的一种感知，它与影像的色彩信息无关。

HSV 彩色空间模型如图 2.5 所示，它是用一个圆锥体表示的。其中，色调为绕圆锥体中心轴的角度，色饱和度为圆锥体横截面圆心到该颜色点的距离，明度则沿圆锥体的垂直轴测量。在 HSV 彩色空间中，黑色对应圆锥体的顶点，白色对应圆锥体的顶面中心，红色对应角度为 0° 的位置。红色、绿色和蓝色分别相差

120°。HSV 彩色空间是一种非常直观的彩色模型，人们可以以某个纯色为基准，通过加入黑色和白色来得到所需要的颜色，其中，增加黑色可以减小明度，增加白色可以减小色饱和度。

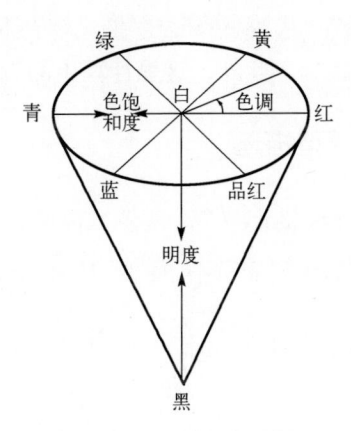

图 2.5　HSV 彩色空间模型

HSV 彩色空间的 3 个基本颜色参数与人眼视觉特性相对应，且各种颜色之间的空间距离符合人眼视觉特性。艺术家们通常不是通过对三基色[红（Red，R）、绿（Green，G）、蓝（Blue，B）]的混合调制来得到所需要的颜色，而是经常采用类似 HSV 彩色空间的调色方法，即先选择一种色调，再在其基础上调整颜色的深浅和明暗。在 HSV 彩色空间中，明度与影像的色彩信息无关，而色饱和度和色调与人眼对颜色的感知息息相关，所以 HSV 彩色空间非常适用于对人眼视觉特性有要求的影像处理中。

通过非线性变换，RGB 彩色空间可以很方便地转换为 HSV 彩色空间，相应的转换公式如下，即

$$\text{MAX} = \max(R,G,B), \text{MIN} = \min(R,G,B) \tag{2.18}$$

$$H = \begin{cases} \left((G-B)/(\text{MAX}-\text{MIN})\right) \times 60°, & R = \text{MAX} \\ \left(2 + (B-R)/(\text{MAX}-\text{MIN})\right) \times 60°, & G = \text{MAX} \\ \left(4 + (G-B)/(\text{MAX}-\text{MIN})\right) \times 60°, & B = \text{MAX} \end{cases} \tag{2.19}$$

$$S = (MAX - MIN)/MAX \qquad (2.20)$$

$$V = MAX \qquad (2.21)$$

需要注意的是，若 MAX = 0° 或 MAX = MIN，则取 $H = S = 0°$。当 H 大于 360° 时，其值等于用 360° 除的余数。此外，这里计算出的 H 的取值范围为 0° ~ 360°。

2.4.2　CDPCNN 模型描述

由于 DPCNN 模型只允许接收一个外部输入激励，因此，对具有 3 个通道信息的彩色纹理影像，本节提出 CDPCNN 模型。CDPCNN 模型的数学描述为

$$F_{ij}[n] = f \times F_{ij}[n-1] + S_{ij}[n]\left(\gamma + V_F \sum_{kl} M_{ijkl} Y_{kl}^U[n-1]\right) \qquad (2.22)$$

$$Y_{ij}^F[n] = \begin{cases} 1, & F_{ij}[n] > E_{ij}[n] \\ 0, & 其他 \end{cases} \qquad (2.23)$$

$$U_{ij}[n] = F_{ij}[n] + V_U S_{ij}[n] \sum_{kl} W_{ijkl} Y_{kl}^F[n] \qquad (2.24)$$

$$Y_{ij}^U[n] = \begin{cases} 1, & U_{ij}[n] > E_{ij}[n] \\ 0, & 其他 \end{cases} \qquad (2.25)$$

$$U_{ij}^H[n] = F_{ij}[n] + I_{ij}^H[n]\left(\gamma' + V_H \sum_{kl} W_{ijkl} Y_{kl}^U[n]\right) \qquad (2.26)$$

$$U_{ij}^S[n] = U_{ij}^H[n] + I_{ij}^S[n]\left(\gamma' + V_S \sum_{kl} W_{ijkl} Y_{kl}^U[n]\right) \qquad (2.27)$$

$$Y_{ij}[n] = \begin{cases} Y_{ij}^F[n] + 2, & U_{ij}^H[n] > E_{ij}[n] \\ Y_{ij}^F[n], & U_{ij}^S[n] \leq E_{ij}[n] \\ Y_{ij}^F[n] + 1, & 其他 \end{cases} \qquad (2.28)$$

$$E_{ij}[n+1] = g \times E_{ij}[n] + V_E Y_{ij}^U[n] \qquad (2.29)$$

$$S_{ij}[n+1] = (1 - Y_{ij}^U[n] + Y_{ij}^F[n]) S_{ij}[n] + (Y_{ij}^U[n] - Y_{ij}^F[n]) A_{ij} \qquad (2.30)$$

与 DPCNN 模型相比，CDPCNN 模型增加了式（2.26）、式（2.27）和式（2.28）。

其中，V_F、V_U、V_H、V_S 和 V_E 为标准化常量，f 和 g 为大于 0 且小于 1 的衰减常量，γ 和 γ' 为不同色彩通道的外部输入激励控制常量。M 和 W 是当前神经元与邻域神经元通信的连接权重。F 为反馈输入，U 为内部活动项，U^H 和 U^S 分别为色调补偿内部活动项和色饱和度补偿内部活动项。I^H 和 I^S 分别为彩色影像在色调通道的像素值和在色饱和度通道的像素值。Y^F 为反馈输出脉冲的值，Y^U 为补偿输出脉冲的值，Y 为神经元的总输出。E 为指数变化的活动阈值，A 为校正值。

可见，CDPCNN 模型与 DPCNN 模型相比，主要是增加了式（2.26）和式（2.27）的含有色调补偿及色饱和度补偿的两个补偿项。此外，CDPCNN 模型神经元的总输出 Y 不再是单一的二值脉冲，由式（2.28）可以看出，它会根据神经元内部的不同补偿状态取 0~3 的不同整数值。

一个 CDPCNN 模型神经元在当前迭代过程中，首先，反馈输入 F_{ij} 受到外部输入激励 S_{ij}、邻域神经元 Y^U_{kl} 和来自上一次迭代 F_{ij} 反馈输入大小的影响后，更新当前 F_{ij} 的数值。若更新后的 F_{ij} 值大于活动阈值 E_{ij}，则 Y^F_{ij} 产生反馈输出脉冲。其次，内部活动项 U_{ij} 在反馈输入 F_{ij}、外部输入激励 S_{ij} 及邻域神经元反馈输出脉冲 Y^F_{kl} 的共同作用下改变其大小，一旦神经元 ij 的内部活动项 U_{ij} 超过它的活动阈值 E_{ij}，就会产生补偿输出脉冲 Y^U_{ij}。再次，根据邻域神经元补偿输出脉冲 Y^U_{kl}、色调通道像素值 I^H_{ij} 和色饱和度通道像素值 I^S_{ij} 的大小来继续进行补偿，分别得到色调补偿内部活动项 U^H_{ij} 和色饱和度补偿内部活动项 U^S_{ij}。通过比较 U^H_{ij}、U^S_{ij} 与 E_{ij} 之间的大小关系，可以得到神经元 ij 的总输出 Y_{ij} 值。最后，更新活动阈值 E_{ij} 和外部输入激励 S_{ij} 的值，为下一次迭代做好准备。

CDPCNN 模型的执行主要分为以下 3 个步骤。

（1）初始化参数和矩阵。设置当前迭代次数 $n=1$，总迭代次数为 N，并将输入影像的 3 个通道像素值 I^H、I^S 和 I^V 分别归一化到区间 $[0,1]$。此外，将外部输入激励的初始值设为 $S = I^V$，令 $F = Y^F = Y^U = Y = 0$ 及 $E = [1]$。参数（M、W、f、g、γ、γ'、V_F、V_U、V_H、V_S 和 V_E）的值根据具体情况手动设置，其中，f 和 g 被设置为大于 0 且小于 1 的常量。通常情况下，$K = M = W$，$A_{ij} = \sum_{kl} K_{ijkl} I_{kl} / \sigma_{ij}$，$\sigma_{ij} = \sum_{kl} K_{ijkl}$。

（2）按照式（2.22）~式（2.30）运行 CDPCNN 模型。

（3）当 $n = N$ 时，结束迭代。否则，令 $n = n+1$ 并返回步骤（2）进行下一次的迭代。

2.5 SAPCNN 模型

由于标准 PCNN 模型的迭代过程较为复杂，且其活动阈值的指数衰减特性导致自动波的传播方式难以控制，这不利于解决遥感影像融合中的问题。因此，本节对标准 PCNN 模型进行了改进，提出 SAPCNN 模型，该模型更适合解决遥感影像融合中的问题。

2.5.1 SAPCNN 模型设计

在介绍 SAPCNN 模型之前，首先定义一些参数的概念。符号 p 和符号 q 分别表示不同的神经元，n 为当前的迭代次数。若从神经元 p 到神经元 q 的连接权重 W_{pq} 为一个大于 0 的有限值，则神经元 q 为神经元 p 的邻域神经元。R_p 表示图 G 中神经元 p 的邻域神经元集合，R_q 表示图 G 中神经元 q 的邻域神经元集合。

SAPCNN 模型的神经元结构如图 2.6 所示。SAPCNN 模型的数学描述为

$$E_p[n+1] = \begin{cases} V_\mathrm{E}, & Y_p[n] = 1 \\ \min(S[n] + W_{pq}[n], E_p[n]), & Y_q[n] = 1 \text{ 且 } p \in R_q \\ E_p[n], & \text{其他} \end{cases} \quad (2.31)$$

$$F_p[n+1] = \begin{cases} N, & E_p[n+1] < S[n] + \Delta S[n] \\ -1, & E_p[n+1] = S[n] + \Delta S[n] \\ 0, & \text{其他} \end{cases} \quad (2.32)$$

$$\Delta S[n+1] = \begin{cases} \gamma, & \sum_m F_m > 0 \\ \Delta S[n] + \gamma, & \sum_m F_m = 0 \\ \Delta S[n], & \text{其他} \end{cases} \quad (2.33)$$

$$S[n+1] = S[n] + \Delta S[n+1] \quad (2.34)$$

$$Y_p[n+1] = \begin{cases} 1, & S[n+1] \geqslant E_p[n+1] \\ 0, & \text{其他} \end{cases} \quad (2.35)$$

$$W_{pq}[n+1] = \begin{cases} V_E, & Y_p[n+1] = 1 \text{ 且 } q \in R_p \\ W_{pq}[n], & \text{其他} \end{cases} \quad (2.36)$$

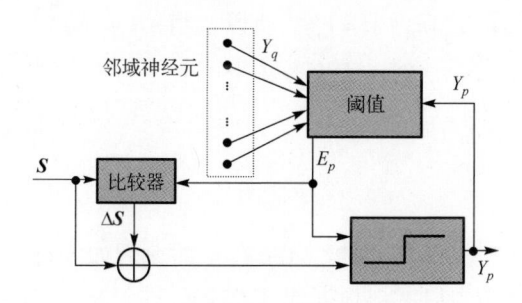

图 2.6 SAPCNN 模型的神经元结构

在 SAPCNN 模型中，E_p 表示神经元 p 的活动阈值，V_E 是一个足够大的常量，N 为神经元的总个数，$\Delta S[n]$ 为当前自动波的波速。S 为内部活动项，它表示从起始神经元到当前迭代的自动波长度。γ 为最小自动波波速的常量。F_p 为波速调节参数，Y_p 表示神经元 p 的点火状态，它通过将内部活动项 S 和活动阈值 E_p 进行比较得到。如果 Y_p 在当前迭代中等于 1，这表明神经元 p 在当前迭代中点火。

2.5.2 SAPCNN 模型分析

在 SAPCNN 模型中，每个神经元都对应权重拓扑图 G 中的一个节点。为方便起见，将权重拓扑图 G 中两个节点间的最大权重定义为 $C = W_{\max}$，神经元 p 的点火周期定义为 T_p。

定理 1：对任意给定的神经元 p，若 $V_E > (N-1)C$ 且 $S[0] = 0$，$\Delta S[0] = \gamma$，则神经元 p 在 n_0 时刻第一次点火之后再次发生点火，此时，自动波走过的长度 $S_{T_p} > (N-1)C$。同时，神经元 p 的点火周期 $T_p \leqslant (V_E - S[n_0])/\gamma$。

证明：由于神经元 p 在第 n_0 次迭代中点火，因此在第 n_0 次迭代中有

$$Y_p[n_0] = 1 \quad (2.37)$$

此时，由式（2.36）得到，对所有的 $q \in R_p$，$W_{pq}[n_0 + 1] = V_E$，且当 $n > n_0$ 时，

$W_{pq}[n] = V_E$。

此外，由式（2.31）和式（2.37）得到 $E_p[n_0+1] = V_E$。

在第 n_0+2 次迭代中，若 $Y_q[n_0+1]=1$ 且 $p \in R_q$，则由式（2.31）得到

$$E_p[n_0+2] = \min(S[n_0+1]+W_{pq}[n_0+1], E_p[n_0+1]) = V_E \tag{2.38}$$

否则，$E_p[n_0+2] = E_p[n_0+1] = V_E$。所以，当 $n=n_0+2$ 时，$E_p[n_0+2]=V_E$。同理可得，当 $n>n_0+2$ 时，$E_p[n]=V_E$。

综上所述，当 $n>n_0$ 时，得到

$$E_p[n] = V_E \tag{2.39}$$

所以，根据式（2.35），得到神经元 p 在 n_0 时刻后如果再次发生点火，需要自动波走过的长度 $S_{T_p} \geq E_p[n]$，再根据式（2.39），得到 $S_{T_p} > (N-1)C$。

由于 $\Delta S[0] = \gamma$，因此由式（2.33）可以得到 $\Delta S[n] \geq \gamma$。又因为在第 n_0 次迭代中自动波长度为 $S[n_0]$，而神经元 p 在 n_0 时刻后再次发生点火就需要自动波长度 $S[n] \geq V_E$，则神经元 p 再次点火需要走完 $V_E - S[n_0]$ 的自动波长度。假设每次迭代的 $\Delta S[n]=\gamma$，则神经元两次点火之间需要迭代 $(V_E - S[n_0])/\gamma$ 次，但是由于已有 $\Delta S[n] \geq \gamma$，因此有 $T_p \leq (V_E - S[n_0])/\gamma$。

证毕。

定理 2：从第一个神经元发生点火开始到所有 N 个神经元都发生点火为止，自动波走过的长度 $S' \leq (N-1)C$。在自动波长度为 S' 之内时，每个神经元只会发生一次点火。

证明：若神经元 p 的 E_p 值在当前迭代中保持不变，或将更新为较大的 V_E 值定义为 E_p 值的非正常更新，则由公式（2.31）可以看出，只有当神经元 p 的邻域中有神经元发生点火时，神经元 p 的活动阈值 E_p 才有可能正常更新。假设神经元 q 在 n_1 时刻发生点火，且未发生点火的神经元 p 为神经元 q 的邻域神经元，在正常更新时，由于

$$E_p[n_1+1] = \min(S[n_1]+W_{pq}[n_1], E_p[n_1]) \tag{2.40}$$

神经元 p 为神经元 q 的邻域神经元，即 $W_{pq}[n_1] \neq \inf$，因此

$$E_p[n_1+1] \leq (S[n_1]+W_{pq}[n_1]) \leq (S[n_1]+C) \tag{2.41}$$

如果神经元 p 发生过点火，根据式（2.39）可知，在自动波到达 V_E 之前，它都不会再发生点火。如果神经元 p 没有发生过点火，此时，若任意一个神经元的点火状态能使神经元 p 的 E_p 值在第 n 次迭代正常更新，则自动波最多再前进长度为 C 的路程就可以使神经元 p 发生点火。在 n_2 时刻，如果神经元 p 的另一个邻域神经元使神经元 p 的 E_p 值再次正常更新，此时由式（2.40）可知，再次更新后的 E_p 值小于 $E_p[n_1+1]$。也就是说，在 n_1+1 时刻之后，自动波最多再前进长度为 C 的路程就必然可以使神经元 p 发生点火。此时，可以得出这样的结论：在一个神经元发生点火之后，若自动波最多再前进的长度为 C，则必然会有另一个不同的神经元发生点火。换言之，两个不同的神经元发生点火的自动波长度间隔 $S_g \leqslant C$。

由定理 1 可以得到，在神经元 p 发生第二次点火时，自动波走过的长度 $S_{T_p} > (N-1)C$，而两个不同的神经元发生点火的自动波长度间隔 $S_g \leqslant C$。所以，在自动波长度为 $(N-1)C$ 之内的所有 N 个神经元只可能发生一次点火。因此，从第一个神经元发生点火开始到所有 N 个神经元都发生点火为止，自动波走过的长度 $S' \leqslant (N-1)C$，且在 S' 之内的所有神经元最多只发生一次点火。

证毕。

定理 3：只要有一个神经元 p 满足 $E_p[n+1] < S[n] + \Delta S[n]$，则自动波波速 $\Delta S[n+1] = \gamma$。当所有神经元 m 都满足 $E_m[n+1] > S[n] + \Delta S[n]$ 时，自动波波速自增 γ，否则自动波波速保持不变。

证明：由式（2.32）可知，若一个神经元 p 满足 $E_p[n+1] < S[n] + \Delta S[n]$，则 $F_p[n+1] = N$。因为除了神经元 p，共有 $N-1$ 个神经元，所以 $\sum F_m \geqslant 1 > 0$，即由式（2.33）得到自动波波速 $\Delta S[n+1] = \gamma$。

当所有神经元 m 都满足 $E_m[n+1] > S[n] + \Delta S[n]$ 时，由式（2.32）可知，$F_m = 0$，所以 $\sum F_m = 0$，此时，自动波波速自增 γ。如果 $\sum F_m < 0$，由式（2.33）得到自动波波速保持不变。

证毕。

由式（2.41）可以看出，在起始神经元发生点火之后，其邻域神经元的当前状态得到更新。随着自动波不断前进，更多的神经元发生点火，不断更新点火神经元的邻域状态，直到终点神经元发生点火时，迭代结束，且在此期间每个神经元最多只点火一次。所以，SAPCNN 模型的自动波从起始神经元产生，通过访问其他神经元，最后到达终点神经元。该模型可以用来解决最短路径的问题。同时，由定理 3 可知，SAPCNN 模型可以根据当前的网络状态来调整自动波波速。

2.6 其他 PCNN 相关模型

除了上述模型，学者们还提出了 PCNN 模型的其他改进模型。例如，交叉皮层模型（Intersecting Cortical Model，ICM）[63-64]、脉冲发放皮层模型（Spiking Cortical Mode，SCM）[65]和 DQPCNN 模型[13]等。

2.6.1 ICM 模型描述

ICM 模型是一种简化的 PCNN 模型，可以在影像处理中减少 PCNN 模型的运算量并提高处理效果。ICM 模型的数学描述为

$$F_{ij}[n] = f \times F_{ij}[n-1] + \sum_{kl} W_{ijkl} Y_{kl}[n-1] + S_{ij} \tag{2.42}$$

$$E_{ij}[n] = g \times E_{ij}[n-1] + h \times Y_{ij}[n] \tag{2.43}$$

$$Y_{ij}[n] = \begin{cases} 1, & F_{ij}[n] > E_{ij}[n] \\ 0, & 其他 \end{cases} \tag{2.44}$$

ICM 模型是 PCNN 模型的一种特例，该模型没有连接输入。其中，S 为外部输入激励，f 为反馈输入 F 的衰减系数，g 为活动阈值 E 的衰减系数，h 为阈值增加值。f 和 g 分别决定反馈输入和活动阈值的衰减速率，h 决定神经元在被激发后所叠加的阈值。当反馈输入 F 大于活动阈值 E 时，ICM 模型的神经元被激发，产生输出脉冲。

ICM 模型是 PCNN 模型的一种简化模型。当 PCNN 模型中的连接强度 β 值为 0 时，两个模型相一致。其中，PCNN 模型中的 $e^{-\alpha_F}$、$e^{-\alpha_E}$ 和 V_E 分别被 ICM 模型中的 f、g 和 h 所取代。可见，ICM 模型在保留 PCNN 模型主要特征的同时，还具有运算更简单的特点。

2.6.2　SCM 模型描述

SCM 模型是一种改进的 PCNN 模型。SCM 模型的数学描述为

$$U_{ij}[n] = f \times U_{ij}[n-1] + S_{ij}\sum_{kl}W_{ijkl}Y_{kl}[n-1] + S_{ij} \quad (2.45)$$

$$E_{ij}[n] = g \times E_{ij}[n-1] + h \times Y_{ij}[n-1] \quad (2.46)$$

$$Y_{ij}[n] = \begin{cases} 1, & U_{ij}[n] > E_{ij}[n] \\ 0, & 其他 \end{cases} \quad (2.47)$$

式中，S 为外部输入激励，U 为内部活动项，E 为活动阈值，Y 为输出，f 和 g 分别为内部活动项和活动阈值的衰减系数，h 为神经元被激发后的阈值增加值，W 为突触加权强度。一旦内部活动项 U 大于活动阈值 E，神经元就会被激发而点火，从而产生输出脉冲。

2.6.3　DQPCNN 模型描述

DQPCNN 模型是为解决医学影像融合问题而提出的一种改进的 PCNN 模型。DQPCNN 模型的数学描述为

$$H^1_{ij}[n] = \sum_{kl}M_{ijkl}P_{ij}[n-1] + S^1_{ij} \quad (2.48)$$

$$H^2_{ij}[n] = \sum_{kl}W_{ijkl}P_{ij}[n-1] + S^2_{ij} \quad (2.49)$$

$$U_{ij}[n] = (1+\beta^1 H^1_{ij}[n])(1+\beta^2 H^2_{ij}[n]) + \sigma \quad (2.50)$$

$$P_{ij}[n] = \begin{cases} 1, & U_{ij}[n] > T_{ij}[n] \\ 0, & 其他 \end{cases} \quad (2.51)$$

$$T_{ij}[n] = e^{-\frac{1}{\tau_t}}T_{ij}[n-1] + VP_{ij}[n] \quad (2.52)$$

式中，H^1 和 H^2 为当前神经元两个外部输入激励的对称通道，S^1 和 S^2 为两个外

部输入激励，U 为内部活动项，T 为活动阈值，P 为输出脉冲。M 和 W 分别为当前神经元与周围神经元之间的连接强度。$β^1$ 和 $β^2$ 分别为 H^1 和 H^2 的连接强度。$τ_t$ 为 T 的衰减时间常量。V 为 T 的固有电动势。$σ$ 为调整神经元内部活动水平的因子。

2.7　本章小结

本章主要介绍了以下两个方面的内容。

（1）简述了 PCNN 模型产生和发展的背景。通过对人工神经网络模型和脉冲发放神经元模型发展背景的介绍，引出了 PCNN 模型作为第三代神经网络的代表。

（2）介绍了一些常用的 PCNN 相关模型，包括在影像检索中常见的标准 PCNN 模型、DPCNN 模型、CDPCNN 模型、SAPCNN 模型和其他 PCNN 相关模型。其中，重点阐述了标准 PCNN 模型的运行机制和特性。

第3章　结合 PCNN 模型的遥感影像配准

来自不同传感器、不同拍摄时间和不同拍摄视角的同一地理目标影像，其像素集合的位置并不是一一对应的，而是会存在不同尺度的差异，这严重影响了多源遥感影像的像素级融合结果。多源遥感影像配准是多光谱影像融合的基础，且高精度的遥感影像配准能有效提高融合影像的质量。

影像配准是寻找同一区域中由不同传感器、不同拍摄时间和不同拍摄视角获取的两张或多张影像之间对应关系的过程[66]。早期的遥感影像配准均采用人工配准的算法，即人为选择控制点，再通过配准模型将待配准影像重采样到参考影像上。然而，随着遥感影像数据量的爆发式增长，传统的基于人工配准的算法已不再适用于大规模的遥感影像处理。因此，探索一种自动且高精度的遥感影像配准技术已成为当前遥感影像处理领域的迫切需求和重要的研究方向。

在遥感影像的应用中，由于遥感卫星所搭载的各种传感器的成像机理和拍摄条件存在差异，因此不同的遥感影像在灰度属性、空间分辨率和噪声分布等方面均表现出不同的特征。这些因素会导致自动影像配准中的同名特征匹配数量较少或者匹配失败，进而影响配准精度和后续影像解译的结果。同时，在高分辨率影像配准中，由于其空间分辨率越高，越容易受到地形起伏和卫星拍摄姿态的影响，因此卫星的成像中存在更大的几何变形[67]。这些因素都加大了高分辨率影像之间自动配准的难度。因此，针对高分辨率影像的自动配准问题，需要研究新的配准算法，以提高配准的精度和效率，从而满足遥感影像在各领域中的应用需求。

目前，在多源遥感影像配准中，基于影像分割的遥感影像配准算法大多将分割与配准分为两个独立的步骤，缺乏配准质量对分割结果的反馈，且由于多源遥感影像灰度差异大，利用单一特征提取算法可能会导致影像特征信息提取不足和正确匹配数的减少，这些都会影响影像配准质量。因此，本章立足基于 PCNN 模型的影像分割算法与基于点特征的影像配准算法，开展对混合特征的多源遥感影像配准算法的研究，以获得高精度的遥感影像配准结果，为后续的多源遥感影像融合做出铺垫。

3.1 研究背景

随着遥感传感器平台的发展，遥感影像配准逐渐向高分辨率方向发展。由于多源遥感影像之间灰度差异越来越大，因此其配准难度也随之加大。目前，针对高分辨率影像配准，要想获得精度与适应度更好的影像配准结果，仍存在以下两个问题。

（1）面特征是影像中最稳定且包含信息最多的特征，一般通过影像分割算法得到。然而，传统基于影像分割的遥感影像配准算法大多将分割与配准独立为两个环节，造成配准的精度严重依赖分割的质量，且不能根据分割区域匹配与配准的结果自适应地优化对影像分割的能力。

（2）在多源遥感影像配准问题上，虽然基于特征的算法取得了较好的效果，但仅依靠单一特征提取算法可能会丢失遥感影像中其他的潜在信息，导致对内容复杂的遥感影像配准结果不理想。

3.2 遥感影像配准国内外研究现状

20 世纪 60 年代，美国军方为提高军事导弹的打击精确度，首次提出了影像配准的概念。由此，影像配准技术逐渐被各国学者关注。随着传感器和计算机技术的快速更新，影像配准技术早已跳出军事领域，被广泛应用到卫星遥感、医学和计算机视觉等领域，并成为影像处理领域中一个重要的研究方向。目前，学者们已提出基于区域的和基于特征的两大类影像配准算法[68]。

3.2.1 基于区域的影像配准算法

基于区域的影像配准算法（模板匹配算法）通过特定的相似性度量模板来搜索两幅影像之间的匹配关系[69]。通常，基于区域的影像配准算法不需要检测同名特征，常用于突出细节不显著的影像之间的配准。基于区域的影像配准算法通常包含相似性度量和优化算法两个步骤[70]，其中，相似性度量为关键步骤，这是因为相似性度量的恰当与否会直接影响配准的结果[71]。常见的相似性度量算法包括方差平方和法[72]（Sum of Squared Difference, SSD）、互相关法[73]（Cross Correlation, CC）、最大互信息法[74]（Mutual Information, MI）和微分总变分法[75]（Differential Total Variation, DTV）等。

Wong 等利用相位一致性模型提取特征点并构造特征描述符，同时对提取的特征点进行基于 CC 的匹配[76]。该算法虽然提高了强度变化的鲁棒性，但对方向变化较大的影像的效果较差。Fang 等将 CC 和 Voronoi 图的分布优化算法用于影像配准中，提高了配准精度[77]。然而，基于 SSD 和基于 CC 的相似性度量算法对多源遥感影像之间的非线性强度差异很敏感，故在多源遥感影像配准中表现不佳[78]。MI 是著名的相似性度量算法之一，因其配准精度高，被广泛应用于影像配准中[79]。钱叶清等利用粒子群算法和互信息技术，提高了多视角遥感影像配准的正确率，但由于这些算法使用的是完整的影像信息，配准时间较长，因此常需要一些优化算法来提高其运行速度[80]。Wu 等将连续蚁群优化算法与 DTV 算法结合，通过连续蚁群优化算法优秀的局部与全局搜索能力，逐渐逼近最佳相似度指标[81]。该算法在多传感器影像配准中表现出良好的性能。此外，还有学者对相似性度量算法进行了相关改进。Ye 等结合 HOPC 特征描述符和归一化互相关法定义 HOPCNCC 相似性度量算法，解决了多源遥感影像配准中非线性辐射失真的问题，并表现出很好的配准精度，但是该算法计算复杂度高且缺乏尺度和旋转不变性[82]。Yan 等提出了一种新的基于区域的影像配准算法[83]。该算法采用相似性度量 HOGD，其取值范围较大，且使用数据驱动灰狼优化器寻找配准模型变换参数，在多源遥感影像配准中取得了较好的结果。

3.2.2 基于特征的影像配准算法

基于特征的影像配准算法通过匹配两幅影像的鲁棒性特征来计算配准模型的参数。它的主要优点是可以处理遥感影像之间显著的几何、遮挡和辐射差异，且该算法通常比基于区域的影像配准算法更快。但是，由于该算法需要提取和匹配合适的同名特征，因此适用于具有显著特征的影像之间的配准。基于特征的影像配准算法的主要特征包括点特征、线特征和面特征[83]。

点特征是目前研究较为成熟且应用最广泛的一种特征。其主要为在各个方向灰度变化都较大的点，包括拐点、斑点和角点等[84]。比较著名的点特征配准算法包括尺度不变特征变换（Scale Invariant-Features Transform, SIFT）算法[85-86]、Harris角点提取算法[87]、SURF 算法[88]、KAZE 算法[89]、ORB 算法等[90]。其中，SIFT算法是由 Lowe 于 1999 年提出的，并在 2004 年得到完善，其通过在高斯差分尺度空间中提取特征点，并根据局部梯度幅值与梯度方向构建局部特征描述符。因其在尺度、旋转、平移和光照变换上能够保持稳定性，所以被广泛应用于影像配准中。该算法在同类传感器影像之间的匹配结果较好，若直接将其用于不同性质遥感影像之间的配准，则可能导致失败，且在复杂场景或相似场景下，SIFT算法容易出现误匹配的问题[91]。为此，学者们针对基于特征的影像配准算法展开了研究。例如，文献[92]针对特征点提取空间与尺度不均匀的问题，提出了均匀鲁棒尺度不变特征变换（Uniform Robust-Scale Invariant Feature Transform, UR-SIFT）算法，该算法在保证特征点质量稳定的情况下，让特征点在空间和尺度上实现了均匀分布，进而提高了配准精度，但该算法未能解决多源遥感影像配准中出现的非线性辐射问题。叶沅鑫等针对这一问题，引入对光照和对比度具有不变性的相位一致性模型，设计了 LHOPC 特征描述符[93]。该算法在多源遥感影像配准中显示出优异的性能，能够很好地抵抗非线性辐射差异。此外，仅采用单一特征提取算法可能会丢失遥感影像中其他潜在的特征信息，导致内容复杂的遥感影像配准结果不理想[94]。Ye 等提出了一种新的提取特征点的算法[95]。该算法结合了Harris-Laplace 角点提取和斑点提取的优点，实现在高斯差分尺度空间中自动提取角点与斑点两种特征。实验结果表明，该算法能在有效增加正确匹配数的同时提高配准精度。以上算法分别从不同方面提高了影像配准的精度和适用度。

与点特征相比，线特征往往包含更多的结构信息，通常被用于提取影像边缘和纹理结构。在成像条件或成像机理变化时，线特征都能保持一定的稳定性。因此，线特征适用于对多源遥感影像的配准中。常用的边缘提取算子有 Canny 算子[96]、Sobel 算子[97]、LOG 算子[98]和 ROEWA 算子[99]等。一般情况下，学者们使用链码、多边形拟合、傅里叶描述符等对线特征进行特征描述。熊友谊等利用 Hough 变换提取影像中的直线特征，并利用修正迭代 Hough 变换算法实现鱼眼影像与地面激光雷达点云之间的配准[100]。此外，学者们还将点特征与线特征联合使用，以提高配准精度。李映等通过一种自适应多尺度快速 Beamlet 变换算法，在可见光和 SAR 影像中提取共有的线特征并构造控制点，实现了从线到点、由粗到精的自动配准[101]。李芳芳等利用线特征约束 SIFT 点特征的匹配，并联合这两种特征共同配准多源遥感影像[102]。

面特征是影像中最稳定的特征，也是包含信息最多的特征。面特征通常是指具有高对比度的、一定大小的闭合区域在影像上的投影，一般通过图形分割算法得到。例如，阈值分割法[103]、聚类法[104]、区域生长与合并法[105]等。苏娟等首先利用多尺度非线性扩散得到封闭均匀区域（面特征），再利用多边形拟合的区域粗匹配和基于重合度的区域精匹配实现 SAR 影像之间的精确配准[106]。文献[107]利用区域生长的算法在核密度边缘估计影像上进行影像分割，并结合区域强度描述符与形状描述符实现了对光学影像的配准。此外，有学者通过将影像分割与点特征相结合来提高配准质量。倪鼎等利用 SIFT 算法的粗匹配结果，首先确定区域生长的种子点，并初始化变换模型，随后进行区域范围的自适应扩展。对配准影像新搜索区域中的特征点，利用变换模型估计其在参考影像中的位置，并在该位置搜索可能的匹配结果，以此往复，直至搜索区域覆盖整幅影像[108]。该算法运用区域生长迭代匹配策略，得到了整幅影像中可靠的匹配点，实现了多源遥感影像之间的配准。然而，以上算法均将分割与配准独立为两个环节，或者仅利用影像分割算法来确定特征点的匹配范围，导致这些算法在很大程度上依赖分割结果的好坏。徐川针对这一问题，提出了一种迭代反馈的分割与配准一体化的算法[109]。该算法利用大津法初始化零水平集函数，并将分割区域的匹配结果反馈给影像分割参数，以提升区域匹配的质量。

3.3 基于自适应 PCNN 分割的遥感影像配准算法

为改善基于区域的影像配准算法对分割质量的严重依赖，且缺少配准质量反馈的问题，本节提出了一种分割与配准一体化的遥感影像配准算法。该算法首先通过黏菌算法[110]（Slime Mould Algorithm, SMA）将配准质量反馈给 PCNN 分割参数，以便根据配准质量进行自适应优化。其次，利用参数优化后的 PCNN 模型分割参考影像与待配准影像，且对分割区域进行拟合归一化处理后，再利用 SURF

特征描述符对其进行描述。最后，通过最近邻距离比和快速样本一致（Fast Sample Consensus, FSC）算法匹配区域并计算配准模型参数。实验结果表明，与 SIFT 算法、SURF 算法和 MSER(Maximally Stable Extremal Regions)算法相比，该算法具有更好的配准性能。

3.3.1 算法总体框架

本节提出了一种基于自适应参数 PCNN 分割的遥感影像配准（Segmentation Based Adaptive PCNN Registration, SBAPR）算法，该算法的流程图如图 3.1 所示。它主要包括 3 部分：参数自适应 PCNN 设计、分割区域描述与匹配、基于 FSC 的配准模型参数求解。

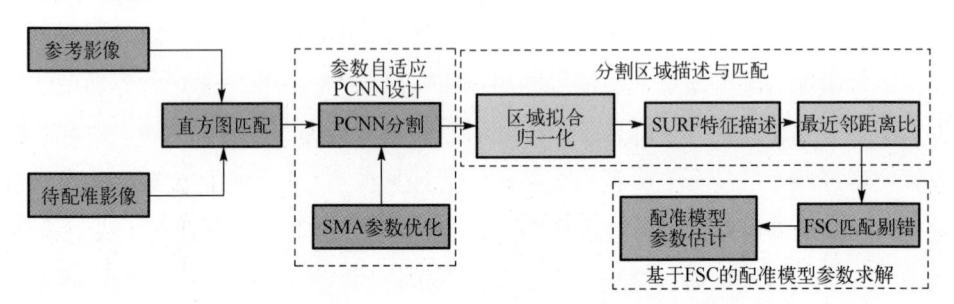

图 3.1　自适应参数 PCNN 分割的遥感影像配准算法的流程图

自适应参数 PCNN 分割的遥感影像配准算法的执行主要分为以下 4 个步骤。

（1）对参考影像与待配准影像进行直方图匹配，减少灰度差异对分割的影响。

（2）利用 SMA，根据配准质量自适应优化 PCNN 参数。随后，利用优化后的参数对参考影像与待配准影像进行分割。

（3）剔除分割结果中面积较小的区域，并对剩余区域进行拟合归一化处理。随后，利用 SURF 特征描述符对分割区域进行特征描述。

（4）利用最近邻距离比匹配分割区域，并利用 FSC 算法对粗匹配对剔错。

3.3.2　PCNN 影像分割

利用 PCNN 模型对影像进行分割，分割影像的每个像素定义为 PCNN 模型中的每个神经元，每个像素的灰度值表示其对应神经元的外部输入激励项。随着

第 3 章 结合 PCNN 模型的遥感影像配准

PCNN 模型的迭代，每个神经元的内部活动项都会与该神经元的活动阈值进行比较，若内部活动项小于活动阈值，则该神经元的活动阈值会随着迭代过程逐渐减小，反之，该神经元被激发，活动阈值叠加一个阈值 V_E。在 PCNN 模型的迭代过程中，中心像素会受到邻域像素灰度值的影响，从而促进或抑制自身的激发。若邻域像素的灰度值大于中心像素，当邻域像素被激发时，会促进中心像素的激发，反之，则会抑制中心像素的激发。

在 PCNN 模型中，每个神经元的迭代输出只有两种状态，其中，输出 1 表示点火状态或发放脉冲，输出 0 表示未点火。在当前迭代中，输出为 1 的区域组成当前迭代的脉冲点火图，即分割区域。本节将神经元在被激发后所叠加的阈值 V_E 设置为一个极大值，以保证每个神经元能且只能被点火一次。遥感影像 PCNN 分割结果如图 3.2 所示（见彩图）。

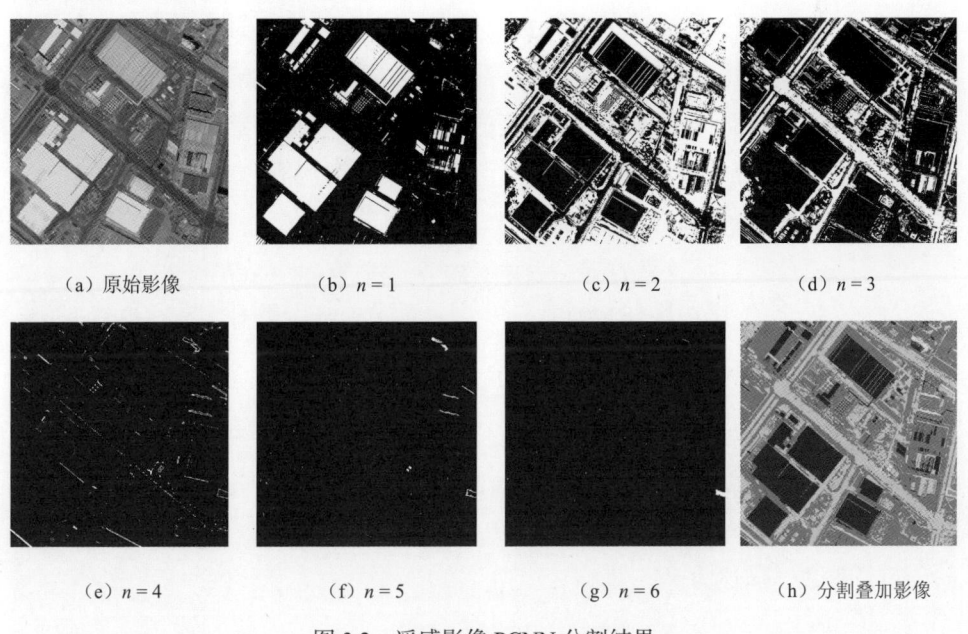

（a）原始影像　　（b）$n=1$　　（c）$n=2$　　（d）$n=3$

（e）$n=4$　　（f）$n=5$　　（g）$n=6$　　（h）分割叠加影像

图 3.2　遥感影像 PCNN 分割结果

PCNN 模型利用各个参数之间的联合作用，对影像中的像素进行非线性激发，生成非规则区域。传统 PCNN 模型的各个参数是通过经验值获得的，受影像灰度值的影响，分割结果不固定，这对后续区域匹配的结果造成影响。因此，需要对 PCNN 参数进行优化处理，以提高影像的配准精度。

3.3.3 参数自适应 PCNN 设计

本节所提算法的第一部分为开展参数自适应 PCNN 设计。在传统的 PCNN 分割中，其 PCNN 参数往往被设置为一系列固定的经验值。然而，由于不同传感器不同波段遥感影像的灰度值存在差异，且使用相同参数的 PCNN 模型对影像进行分割会造成不同的分割结果，因此这对后续的区域匹配造成很大的影响。此外，PCNN 模型具有许多难以选择的参数，例如，在 PCNN 模型中，连接强度 β 用来确定内部线性连接输入的贡献大小，α_F 和 α_E 用来确定反馈输入 F 和活动阈值 E 的衰减速率。这 3 个参数极大地影响着 PCNN 模型的分割结果。本节提出使用黏菌算法（Slime Mould Algorithm, SMA）[110]优化 PCNN 参数，以获得最优分割参数 β、α_F 和 α_E 的组合。

SMA 是通过模拟黏菌个体在觅食过程中的行为和形态变化，提出的一种智能群体优化算法。在觅食过程中，黏菌在前端延伸成扇形，形成可以在细胞质内流动的静脉网络。静脉网络通过食物浓度的高低调整生物振荡器以产生脉冲波，从而调整静脉网络中的细胞质流量，使黏菌能够通过最短路径获得食物。黏菌通过环境中的气味来接近食物的数学描述为

$$X(t+1) = \begin{cases} X_b(t) + v_b \times (W \times X_A(t) - X_B(t)), & r < p \\ v_c \times X(t), & \text{其他} \end{cases} \quad (3.1)$$

式中，t 为当前迭代次数，W 为黏菌的权重，X 为黏菌的位置，$X_b(t)$ 为当前找到的且具有最佳适应度值的个体位置，$X_A(t)$ 和 $X_B(t)$ 为从黏菌中随机选择的两个个体。v_b 和 v_c 为控制参数，其中，$v_b \in [-a, a]$，参数 $a = \text{artanh}(-(t/t_{\max})+1)$，$t_{\max}$ 为最大迭代次数，v_c 从 1 线性下降到 0。r 为[0,1]的随机数，p 为控制探索食物的阈值，其数学描述为

$$p = \tanh |S(i) - \text{DF}| \quad (3.2)$$

式中，$i = 1, 2, \cdots, n$，$S(i)$ 为当前黏菌个体的适应度值，DF 为目前获得的最佳适应度值。

黏菌通过生物振荡器产生脉冲波的正反馈、负反馈来调整细胞质浓度的高低，以便通过最短路径获得食物。正反馈、负反馈权重参数 W 的数学描述为

$$W(\mathbf{SI}(i)) = \begin{cases} 1 + r \times \lg\left(\dfrac{\mathrm{bF} - \mathbf{S}(i)}{\mathrm{bF} - \mathrm{wF}} + 1\right), & \text{种群中适应度排在前一半的个体} \\ 1 - r \times \lg\left(\dfrac{\mathrm{bF} - \mathbf{S}(i)}{\mathrm{bF} - \mathrm{wF}} + 1\right), & \text{其他} \end{cases} \quad (3.3)$$

式中，r 为[0,1]的随机数，$\mathbf{S}(i)$ 为当前黏菌个体的适应度值，bF 为本次迭代中的最佳适应度值，wF 为当前迭代中获得的最差适应度值。$\mathbf{SI}(i)$ 为适应度升序的排序，表示食物的浓度指数。

当附近食物的浓度较高时，该区域的权重增加，反之，该区域的权重下降，黏菌会继续探索其他区域。因此，黏菌种群更新位置的数学描述为

$$\mathbf{X}(t+1) = \begin{cases} \mathrm{rand} \times (\mathrm{ub} - \mathrm{lb}) + \mathrm{lb}, & \mathrm{rand} < z \\ \mathbf{X}_b(t) + v_b \times (W \times \mathbf{X}_A(t) - \mathbf{X}_B(t)), & r < p \\ v_c \times \mathbf{X}(t), & r \geqslant p \end{cases} \quad (3.4)$$

式中，ub 和 lb 分别表示搜索区域的上界、下界。rand 为[0,1]的随机数，用于控制是否选择随机更新。r 为[0,1]的随机数，决定是否进入探索食物阶段。z 为自定义参数，文献[110]中设置为 0.03。

在本节的算法中，通过更新黏菌的位置 $\mathbf{X}(\alpha_\mathrm{F}, \beta, \alpha_\mathrm{E})$ 来优化 PCNN 参数。均方根误差（Root Mean Square Error, RMSE）用来表示参考影像与待配准影像的配准精度，RMSE 值越小，配准精度越高。匹配正确率（Correct Matching Rate, CMR）是一种用于衡量算法匹配性能的客观指标。正确匹配数（Number of Correct Matches, NCM）是剔除误匹配后保留的正确匹配点数。NCM 值越大，几何变换矩阵的拟合精度越高。本节将参考影像与待配准影像配准后的 RMSE 值、CMR 值和 NCM 值合并作为适应度函数。随着 SMA 不断迭代，其适应度值逐渐提高，直至达到迭代终止条件为止。最终，具有全局最佳适应度值的黏菌的位置 $\mathbf{X}_b(\alpha_\mathrm{F}, \beta, \alpha_\mathrm{E})$ 为所优化的 PCNN 参数。这里的适应度函数的数学描述为

$$f = (r_1 \mathrm{e}^{-\mathrm{RMSE}} + r_2 \mathrm{CMR})\mathrm{NCM} \quad (3.5)$$

式中，r_1 和 r_2 为权重因子。

PCNN 参数优化流程图如图 3.3 所示，具体分为以下 5 个步骤。

（1）初始化 PCNN 参数。$W = M = [0.707\ 1\ 0.707; 1\ 0\ 1; 0.707\ 1\ 0.707]$，$V_\mathrm{F} = 0.5$，$V_\mathrm{L} = 0.5$，$\alpha_\mathrm{L} = 1$。阈值 $E = I_{\max} + \varepsilon$，其中，$I_{\max}$ 为影像像素最大值，ε 为一个极

小值。为防止二次点火，本节将 V_E 设置为一个极大的数。

（2）将黏菌的位置 $X(\alpha_F, \beta, \alpha_E)$ 代入 PCNN 模型进行分割，利用得到的匹配分割区域来计算适应度函数的值。

（3）根据适应度函数的值，利用式（3.3）和式（3.4）更新黏菌的位置 $X(\alpha_F, \beta, \alpha_E)$。

（4）如果迭代次数 t 小于最大迭代次数 t_{max}，迭代次数加 1，并返回步骤（3）。

（5）当达到最大迭代次数时，全局中最优黏菌的位置即为所求的 PCNN 参数 α_F、β 和 α_E 的值。

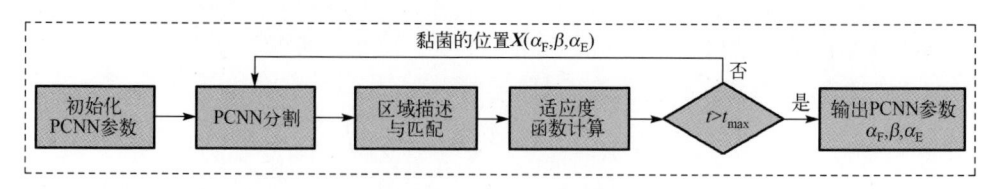

图 3.3　PCNN 参数优化流程图

3.3.4　分割区域描述与匹配

本节所提算法的第二部分为开展分割区域描述与匹配，重点在区域拟合归一化和 SURF 特征描述两部分。

1. 区域拟合归一化

在对分割区域进行描述之前，由于过小的分割区域会增加冗余的计算量和误匹配数量，因此本节利用面积阈值对小面积的区域进行剔除。影像分割后 PCNN 模型获得的分割区域是非线性且不规则的，不便于对其进行描述。为了得到准确的特征描述，需要首先对分割区域进行拟合归一化处理，然后对拟合获得的椭圆区域进行描述。一个区域形状的重要信息包括其位置、尺寸和方向，而椭圆的中心位置和长轴、短轴的方向能够有效地反映这 3 种信息[111]。在这个过程中，将分割区域拟合为椭圆的操作与影像矩的概念相关。影像矩是十分有效的形状描述符之一。区域拟合归一化的过程主要分为以下 3 个步骤。

（1）分割区域重心的计算。对影像 $I(x,y)$ 中的某个区域 A，其 $(p+q)$ 阶二维几何矩的定义为

$$m_{pq} = \iint x^p y^q I(x,y) \mathrm{d}x \mathrm{d}y \tag{3.6}$$

式中，$p,q = 0,1,2,\cdots,n$，$(p+q)$ 为所求几何矩的阶数。由此可知，区域 A 的几何零阶矩为 m_{00}，几何一阶矩为 m_{10}、m_{01}，3 者的数学描述为

$$\begin{cases} m_{00} = \sum_A xI(x,y) \\ m_{10} = \sum_A I(x,y) \\ m_{01} = \sum_A yI(x,y) \end{cases} \tag{3.7}$$

几何零阶矩 m_{00} 为分割区域的面积，即像素值为 1 的像素个数，区域 A 的重心坐标可以表示为

$$x_c = \frac{m_{10}}{m_{00}}, \quad y_c = \frac{m_{01}}{m_{00}} \tag{3.8}$$

（2）几何二阶矩的计算。几何二阶矩 $U = [\mu_{20}, \mu_{11}; \mu_{11}, \mu_{02}]$ 是将原点移动到区域 A 的重心进行计算的，此时，有拟合椭圆方程为 $(X')^T U^{-1}(X') = 1$，其中，$X' = [x', y']^T$ 表示原点移动到区域 A 的重心后的影像坐标。几何二阶矩的数学描述为

$$\mu_{20} = \sum_A (x - x_c)^2 I(x,y) \tag{3.9}$$

$$\mu_{11} = \sum_A (x - x_c)(y - y_c) I(x,y) \tag{3.10}$$

$$\mu_{02} = \sum_A (y - y_c)^2 I(x,y) \tag{3.11}$$

几何二阶矩 U 可以计算拟合椭圆的长半轴 w、短半轴 l 和长轴方向 θ 的值，以便表示区域的方向和形状，它们的数学描述为

$$w = \sqrt{\frac{(\mu_{20} + \mu_{02}) + [(\mu_{20} - \mu_{02})^2 + 4\mu_{11}^2]^{1/2}}{2m_{00}}} \tag{3.12}$$

$$l = \sqrt{\frac{(\mu_{20} + \mu_{02}) - [(\mu_{20} - \mu_{02})^2 + 4\mu_{11}^2]^{1/2}}{2m_{00}}} \tag{3.13}$$

$$\theta = \frac{1}{2} \arctan\left(\frac{2\mu_{11}}{\mu_{20} - \mu_{02}}\right) \tag{3.14}$$

(3) 区域仿射归一化。一般情况下，对得到的具有仿射不变的椭圆拟合区域还不能进行特征描述，这是因为若同一场景的两幅影像之间存在仿射变换，则提取的仿射不变区域会出现扭曲变形，且存在尺度大小和旋转方向上的差异，因此必须采用仿射归一化算法去除这些差异，即将椭圆拟合区域归一化为圆形区域[112]。此时，需要将分割区域对应的椭圆拟合区域（简称拟合区）扩大为用来抽取特征的椭圆特征测量区（简称测量区），测量区与拟合区的中心相同，且测量区的尺度是拟合区的3倍，然后进行区域仿射归一化处理。

假设区域重心坐标为 m，拟合区的几何二阶矩为 U，对 U^{-1} 进行奇异值分解得到 $U^{-1} = RDR^{T}$，那么归一化区域影像与测量区影像之间的仿射变换关系为

$$X = sA\hat{X} + m, A = 2RD^{1/2} \tag{3.15}$$

式中，$\hat{X}$ 为归一化区域影像的坐标位置，X 为测量区影像的坐标位置，s 为缩放因子。上述操作将每个分割区域归一化为具有局部不变性的局部影像区域。随后，计算局部影像区域的主方向，再进行旋转归一化处理，使用特征描述符对区域进行特征描述。

2. SURF 特征描述

利用 SURF 算法进行特征描述的过程主要分为以下两个步骤。

（1）特征主方向的计算。为了保持影像在旋转过程中不变形的特性，SURF 算法利用特征点局部邻域的 Haar 小波响应值来求取局部邻域的主方向。SURF 主方向的计算示意图如图3.4所示，以特征点为中心，通过角度为 θ 的扇形窗口，以0.2rad 的步长，在半径为 $6s$ 的圆形区域中旋转，然后对扇形窗口中的 Haar 小波响应值进行统计。其中，s 为积分尺度因子，θ 通常设置为π/3。

通过对滑动扇形窗口中的 Haar 小波响应值 dx、dy 进行累加，得到 (m_w, θ_w)，其中

$$m_w = \sum_w dx + \sum_w dy \tag{3.16}$$

$$\theta_w = \arctan\left(\sum_w dx / \sum_w dy\right) \tag{3.17}$$

主方向为最大 Haar 小波响应累加值所对应的方向，且以最大值的80%设定阈值。当 m_w 中出现大于阈值的幅值时，记录该幅值的方向作为次方向。

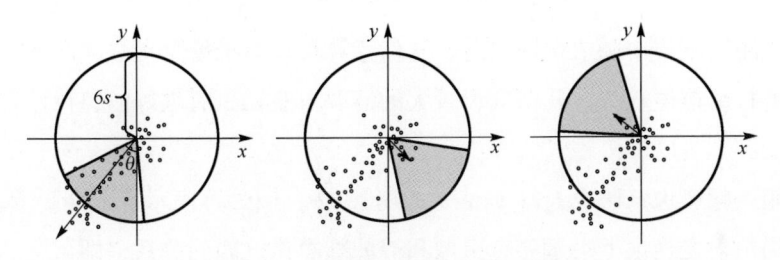

图 3.4　SURF 主方向的计算示意图

（2）特征点描述。SURF 特征描述符如图 3.5 所示，以特征点为中心，沿主方向提取 20s×20s 的影像作为局部特征描述区域，并将其划分为 4×4 的子块。统计局部特征描述区域内沿主方向 dy 和垂直于主方向 dx 的每个子块的 Haar 小波响应值。

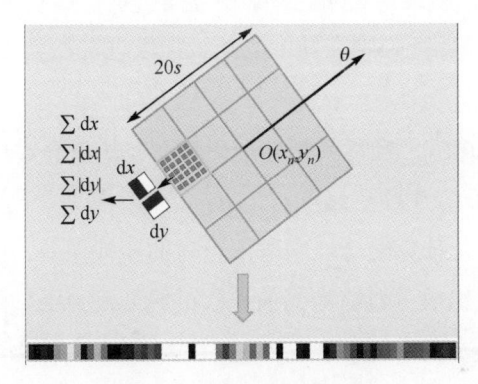

图 3.5　SURF 特征描述符

每个子块的特征向量如式（3.18）所示，由于共有 4×4=16 个子块，因此特征描述符共由 4×4×4=64 维特征向量构成。

$$V_{子块}=\left[\sum \mathrm{d}x, \sum |\mathrm{d}x|, \sum \mathrm{d}y, \sum |\mathrm{d}y|\right] \tag{3.18}$$

3.3.5　基于 FSC 的配准模型参数求解

本节所提算法的最后一部分为基于 FSC[113]的配准模型参数求解，利用最近邻距离比比较不同影像特征描述符之间最小欧氏距离与次小欧氏距离的比值，若比值大于匹配阈值，则判断这是一对匹配对。由于遥感影像往往受到灰度差异、噪声和几何变换等因素的影响，因此匹配点坐标中可能会出现一定的异常值，而异常值的存在会对结果的准确性产生负面影响。FSC 算法是一种新的鲁棒估计器，其通过从粗匹配集中随机选取点对，迭代计算最佳配准模型参数。此外，FSC算法还能够在离群值较大、几何变形较大的情况下获得具有很好的鲁棒性且准确的结果。

给定一幅影像，假设 $I_R(x,y)$ 表示参考影像，$I_S(\hat{x},\hat{y})$ 表示待配准影像，此时，使用全局仿射变换模型表示参考影像和待配准影像之间的关系，即

$$(x,y) = T((\hat{x},\hat{y}),\theta) \tag{3.19}$$

式中，$T((\hat{x},\hat{y}),\theta)$ 为仿射变换模型，θ 为仿射变换模型的参数，(x,y) 和 $(\hat{x},\hat{y})$ 分别为参考影像和待配准影像中的像素。利用FSC算法求取变换模型参数的过程可以分为以下3个步骤。

（1）从参考影像和待配准影像中提取两个特征点集 $\{p_1,p_2,\cdots,p_l\}$ 和 $\{p'_1,p'_2,\cdots,p'_k\}$，并利用匹配准则在其中找到最佳候选 $c_i = \{p_i,p'_i\}$，组成暂定候选集 $C = \{c_1,c_2,\cdots,c_i,\cdots,c_n\}$。

（2）设定迭代次数 t_{max} 和最大精匹配点数 n，从集合 C 中提取匹配正确率较高的子集 C_h，然后在 C_h 中随机选取 c_z^h, c_j^h, c_k^h 3个对应点，并通过对应关系计算变换模型参数 θ_i。利用 θ_i 计算集合 C 中每个点对的变换误差，直至集合 C_i 由误差小于1个像素的对应值组成，则 C_i 为当前迭代的精匹配点数。随着迭代运行中 n 的增长，不断判断 C_i 与 n 的关系，若某次迭代中 $n < C_i$，则令 n 等于当前 C_i 的值，以保证 n 为总迭代中的最大精匹配点数。

（3）直至达到最大迭代次数，通过最佳迭代集合 C_{best} 计算变换模型参数，最终输出变换模型参数 θ。

3.3.6　实验与分析

本节在两个高分辨率的同源遥感数据集中进行对比实验，选择 SIFT 算法、SURF 算法和 MSER 算法作为对比算法，利用 RMSE、NCM、CMR 对算法的性能进行客观评价。本书中所有算法均采用最近邻距离比[86]和FSC算法进行特征点匹配与配准参数的计算。其中，矩阵变换误差大于2个像素的同名点为外点。

第一个数据集为 UAV 数据集，数据是由 Mavic2 无人机在中国宝鸡市城区采集的，数据集影像的大小为 700×700 像素，影像的空间分辨率为 0.1m，且数据集

中有较大的视角变化；第二个数据集为 GF2 数据集，由高分二号卫星在中国兰州市城区获取，数据集影像的大小为 700×600 像素，影像的空间分辨率为 1m。UAV 数据集和 GF2 数据集的参考影像与待配准影像如图 3.6 所示。

（a）UAV 参考影像　　（b）UAV 待配准影像　　（c）GF2 参考影像　　（d）GF2 待配准影像

图 3.6　UAV 数据集和 GF2 数据集的参考影像与待配准影像

UAV 数据集的匹配结果如图 3.7 所示，GF2 数据集的匹配结果如图 3.8 所示。本节算法与 SURF 算法、MSER 算法均采用 SURF 特征描述符对其进行特征点描述。从图 3.7 和图 3.8 中可以看出，本节算法相较 SURF 算法、MSER 算法，能够获得较多的特征点匹配对。本节算法与 SIFT 算法在两个数据集中均展示了很好的匹配性能。

（a）本节算法　　　　　　　　　　　　（b）SIFT

（c）SURF 　　　　　　　　　　　　（d）MSER

图 3.7　UAV 数据集的匹配结果

（a）本节算法　　　　　　　　　　　　（b）SIFT

（c）SURF　　　　　　　　　　　　（d）MSER

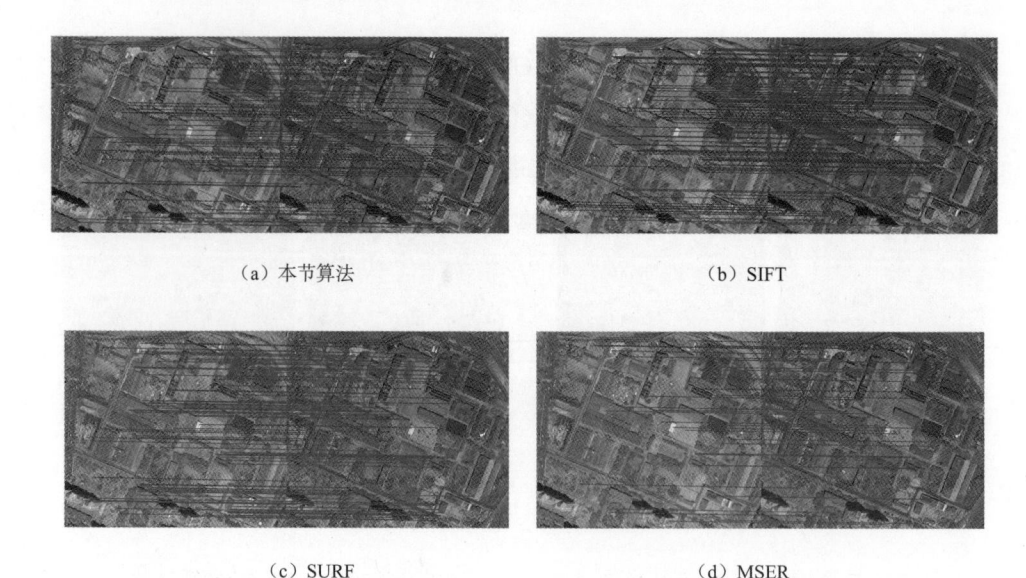

图 3.8　GF2 数据集的匹配结果

UAV 数据集与 GF2 数据集的客观定量评价结果如表 3.1 所示。从表中可以看出，MSER 算法的 NCM 值较小，即 MSER 算法获得的正确匹配数相对较少，而本节算法与 SIFT 算法在两个数据集中均获得较好的表现。此外，虽然本节算法的 NCM 值不及 SIFT 算法，但是在 CMR 和 RMSE 指标上均明显优于 SIFT 算法。这主要是因为本节算法中通过 SMA 对 PCNN 参数的优化，提升了 PCNN 模型分割结果的精度，进而能够得到较多且精度较高的正确匹配区域。两个数据集的结果都验证了本节算法在配准任务中的有效性。

表 3.1　UAV 数据集与 GF2 数据集的客观定量评价结果

数据集		NCM	CMR	RMSE
UAV 数据集	本节算法	311	0.9339	0.6635
	SIFT	505	0.8986	0.7384
	SURF	162	0.8617	0.8442
	MSER	71	0.8506	0.8100
GF2 数据集	本节算法	76	0.8261	0.9072
	SIFT	97	0.7185	1.0094
	SURF	96	0.8000	0.9890
	MSER	33	0.5323	1.0665

配准结果的棋盘镶嵌影像如图 3.9 所示。其中，图 3.9（a）和图 3.9（c）分别为 UAV 数据集和 GF2 数据集的棋盘镶嵌影像，图 3.9（b）和图 3.9（d）分别为两个数据集的局部放大子图。通过对棋盘镶嵌影像进行目视检查，可以清晰地识别出配准融合影像的建筑物、道路等地物的边缘相吻合、无偏差，这定性地验证了本节算法的配准性能。结合表 3.1 中本节算法在各个数据集配准结果的 RMSE 值最小，同样定量地证明了本节算法在遥感影像配准中的有效性。

（a）UAV 数据集的棋盘镶嵌影像

（b）UAV 数据集棋盘镶嵌影像的局部放大子图

（c）GF2 数据集的棋盘镶嵌影像

（d）GF2 数据集棋盘镶嵌影像的局部放大子图

图 3.9　配准结果的棋盘镶嵌影像

3.4　基于 PCNN 分割与点特征的多源遥感影像配准算法

虽然基于特征的影像配准算法在遥感影像配准上具有较好的结果，但仅采用单一特征提取算法可能会丢失遥感影像中其他潜在的特征信息，从而导致算法对内容复杂的遥感影像配准结果不理想。此外，正确匹配数也会影响几何变换矩阵的拟合精度。

3.4.1 算法总体框架

本节针对单一特征配准不足和正确匹配数少的问题，结合基于 PCNN 分割的区域特征和基于 UR-SIFT 算法提取的 SIFT 点特征，提出一种基于 PCNN 分割与点特征的多源遥感影像配准算法。该算法包括 UR-SIFT 点特征提取与匹配、自适应 PCNN 分割区域匹配、点和面特征联合配准 3 部分。基于 PCNN 分割与点特征的多源遥感影像配准算法流程图如图 3.10 所示，主要分为以下 3 部分。

（1）利用 UR-SIFT 算法在参考影像与待配准影像中提取尺度与空间均匀的斑点特征，并使用 GLOH 算法对特征点进行描述。然后，利用最近邻距离比获得粗匹配对。随后，利用尺度约束与主方向约束来剔除粗匹配对中主方向和尺度差距过大的匹配对。

（2）利用自适应 PCNN 分割技术，对参考影像与待配准影像进行处理，从而获得分割区域。接着，利用 GLOH 特征描述符与 Hu 不变矩特征描述符对分割区域进行描述，再利用联合得分最近邻距离比对分割区域进行匹配，得到初始区域的匹配对。

（3）整理点特征与分割区域匹配对，联合特征点坐标和分割区域重心坐标，使用 FSC 算法剔除错误匹配对并计算配准模型的参数。

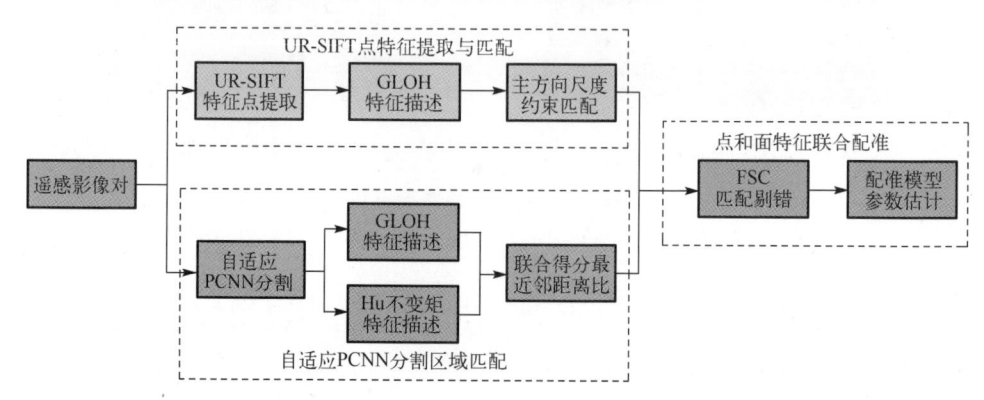

图 3.10 基于 PCNN 分割与点特征的多源遥感影像配准算法流程图

3.4.2 UR-SIFT 点特征提取与匹配

本节所提算法的第一部分为 UR-SIFT 点特征提取与匹配，包括 UR-SIFT 特征点提取、GLOH 特征描述和主方向尺度约束匹配。

1. UR-SIFT 特征点提取

SIFT 算法在提取特征点时会产生大量的冗余特征点，导致在特征点描述、匹配和剔除错误匹配对时产生很高的计算成本。遥感影像的复杂性使提取的特征点数量可能远远少于所需要的数量，这与 SIFT 算法中对参数的选择有关，特别是对 T_C 参数的选择，它控制着能够提取特征点的数量，因此对结果有显著的影响。此外，配准的成功率和可靠性高度依赖提取特征点的质量和分布情况。SIFT 算法在质量控制方面，主要通过剔除弱对比度值和不稳定边缘响应点的候选点来优化特征点集。然而，这通常会导致在匹配阶段存在高度冗余的问题，容易造成匹配失败的结果。此外，SIFT 算法缺乏对提取特征点空间分布的控制，而匹配对的均匀分布是实现精确匹配以处理遥感影像局部失真的关键因素。针对以上问题，有学者提出了 UR-SIFT 算法，其特征点提取的过程主要可以分为预设特征点总数、特征点尺度均匀化、特征点空间均匀化和网格特征点筛选共 4 部分。

1）预设特征点总数

预设特征点总数是根据影像的大小，自适应地计算所需要特征点的数量 N，其中，N 为所用影像大小的 0.4%。

2）特征点尺度均匀化

利用 SIFT 算法提取特征点，并删除对比值在前 10% 对比度范围的特征点。对比值为该特征点对应的高斯差分影像在尺度空间的绝对值。在 SIFT 算法中，每层高斯平滑影像的尺度 σ_{ij} 和高斯差分金字塔的关系为

$$\sigma_{ij}=2^{(i-1+j/L)}\sigma_0 \tag{3.20}$$

式中，$i=1,\cdots,O, j=1,\cdots,L$，$\sigma_0$ 为尺度空间中第 1 组、第 1 层的尺度因子。O，L 分别为高斯差分金字塔的组数和每组的层数。由此可知，每层所需要的特征点数量为 $N_{ij}=N\times f_{ij}$，f_{ij} 为图层中的特征点比例，满足 $\sum_{i=1}^{O}\sum_{j=1}^{L}f_{ij}=1$。

由于尺度空间生成过程的平滑性，潜在的特征点数量会沿尺度扩大的方向减少，因此 f_{ij} 与 σ_{ij} 为反比关系，f_{ij} 的数学描述为

$$f_{ij} = \frac{f_0}{k^{L(i-1)+j-1}} \tag{3.21}$$

式中，$k=2^{1/L}$，由 $\sum_{i=1}^{O}\sum_{j=1}^{L} f_{ij} = 1$ 可以推算出 $f_0 = k^{O \times L - 1} / \sum_{n=1}^{O \times L} k^{n-1}$。以上，就完成了特征点在尺度方面的均匀化。

3）特征点空间均匀化

在每层的尺度层中，还需要对特征点进行空间分布的均匀化和特征点质量的提高。通过将每层的尺度层划分为多个 50×50 的网格，并计算每个网格中的平均对比值、所提取到的特征点数量、网格影像信息熵来确定该网格所需要提取的特征点数量。网格中待提取特征点数量的数学描述为

$$\text{ncell}_{ijz} = N_{ij} \times \left[\frac{\omega_E E_{ijz}}{\sum_{z=1}^{Z_{ij}} E_{ijz}} + \frac{\omega_n n_{ijz}}{\sum_{z=1}^{Z_{ij}} n_{ijz}} + \frac{(1-\omega_n-\omega_E)\text{MC}_{ijz}}{\sum_{z=1}^{Z_{ij}} \text{MC}_{ijz}} \right] \tag{3.22}$$

式中，Z_{ij} 为第 i 组、第 j 层的网格数量，ω_E 和 ω_n 分别为信息熵和特征点数量的权重因子。ncell_{ijz}、E_{ijz}、n_{ijz}、MC_{ijz} 分别为第 i 组、第 j 层、z 网格的特征点待提取数、信息熵、已提取特征点数量、平均对比值。若无法在每个网格单元（或尺度层）中选择 ncell_{ijz}（或 N_{ij}）个特征点，则将多余的待提取特征点数量通过按比例增加的方法分配给其他网格单元（或尺度层）。

4）网格特征点筛选

随后，在每个网格中保留对比值最高的 $3 \times \text{ncell}_{ijz}$ 个特征点，其他特征点则标记为不稳定的特征点而被丢弃。根据 SIFT 算法估计保留点的真实位置和尺度，剔除其他低质量的特征点。最后，计算剩余特征点的信息熵，在每个网格单元（或尺度层）中选择信息熵最大的 ncell_{ijz} 个特征点作为最终的特征点。

UR-SIFT 与 SIFT 特征点的空间-尺度分布情况如图 3.11 所示。图 3.11（a）、图 3.11（b）、图 3.11（c）、图 3.11（d）展示了 SIFT 与 UR-SIFT 在 Sentinel-2 影像上特征点的空间分布与各自的局部放大子图。图 3.11（e）和图 3.11（f）分别为 SIFT 与 UR-SIFT 特征点的尺度分布。从图 3.11（a）中可以看出，SIFT 特征

点在影像左右的分布较为密集,而在中心区域的分布较为稀疏。在图 3.11(e)中,SIFT 特征点主要分布在第 1 组、第 1 层的尺度影像上。SIFT 特征点在空间和尺度上的不均匀分布会加大遥感影像特征点匹配和配准模型参数的误差。与 SIFT 算法相比,UR-SIFT 算法在空间和尺度上的分布更为均匀。

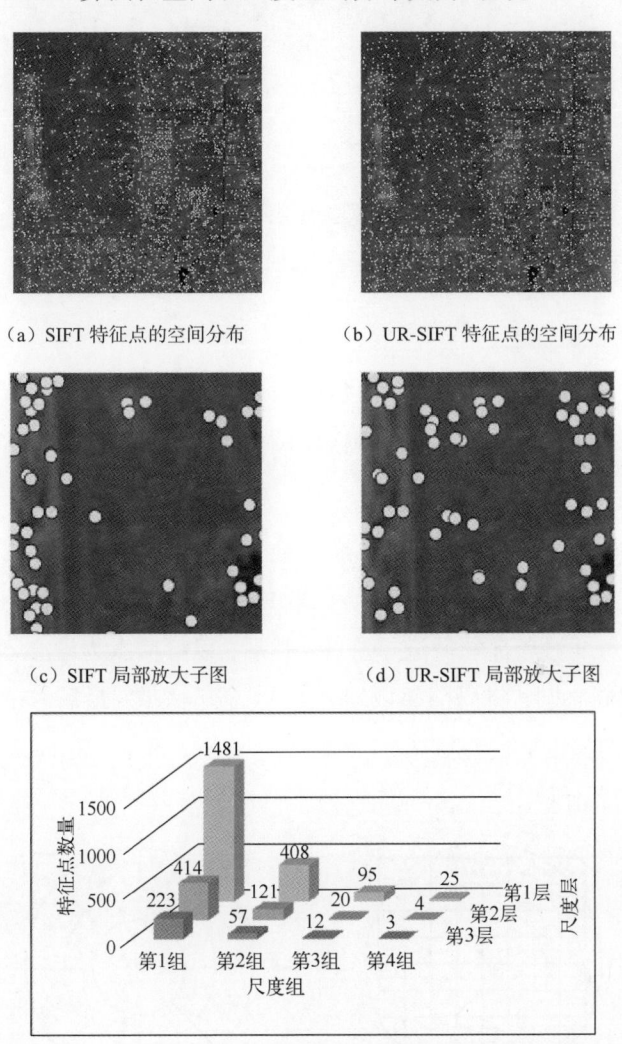

(a)SIFT 特征点的空间分布　　　(b)UR-SIFT 特征点的空间分布

(c)SIFT 局部放大子图　　　　　(d)UR-SIFT 局部放大子图

(e)SIFT 特征点的尺度分布

图 3.11　UR-SIFT 与 SIFT 特征点的空间-尺度分布情况

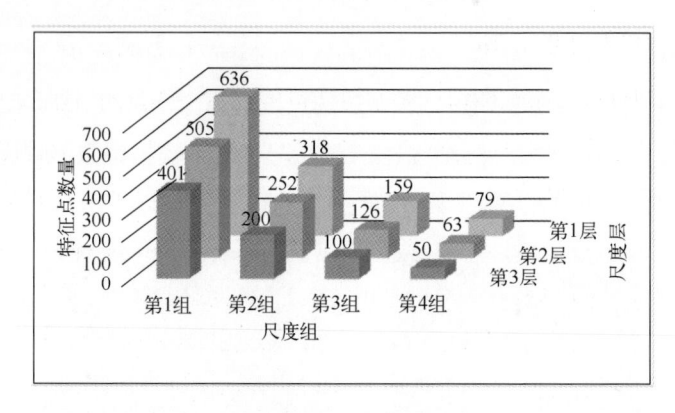

（f）UR-SIFT 特征点的尺度分布

图 3.11　UR-SIFT 与 SIFT 特征点的空间-尺度分布情况（续）

2. GLOH 特征描述

在得到了均匀分布的 SIFT 特征点后，选择 GLOH 特征描述符对其进行特征点描述。GLOH 特征描述符是 SIFT 特征描述符的一种扩展，其目的是要增加特征描述符的鲁棒性和独特性[114]。

GLOH 特征描述符将 SIFT 特征描述符中 4×4 的网格改为仿射状的对数-极坐标同心圆。首先，以特征点为中心，取 12σ 大小的邻域作为特征描述区域，依照主方向的角度对局部邻域进行旋转。然后，以特征点为中心，分别以 6、11、15 的半径绘制同心圆，将局部邻域划分为 17 个子区域。最后，在每个子区域中计算 8 个方向的梯度方向直方图，生成 17×8 = 136 维的特征向量。GLOH 特征描述符如图 3.12 所示。

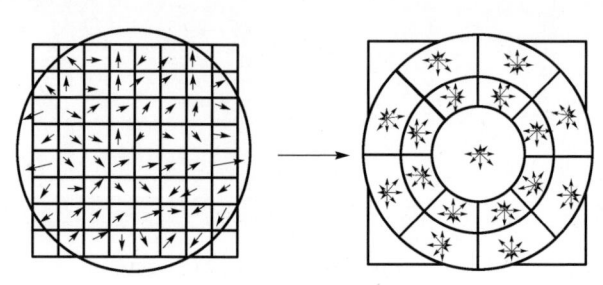

图 3.12　GLOH 特征描述符

3. 主方向尺度约束匹配

随后，利用最近邻距离比得到两幅影像的特征点粗匹配对。虽然 UR-SIFT 算法对特征点的尺度分布与空间分布进行了优化，但是由于遥感影像的拍摄时间、光谱和传感器成像机理的不同，因此遥感影像在同一区域的像素强度可能存在显著差异，从而导致特征点在经过最近邻距离比后仍有部分错误匹配对[115]。由于影像对之间的映射强度不同，因此尽管错误匹配对具有最小欧氏距离，但其尺度和主方向仍会存在差异，而正确匹配对通常具有近似的尺度和主方向，以及相对较短的欧氏距离[116]。为此，本节利用粗匹配对的主方向差值与尺度比来约束粗匹配结果，从而提取正确匹配的关键点，具体过程可以分为以下 5 个步骤。

（1）使用最近邻距离比对待匹配的特征点集进行粗匹配。

（2）对得到的粗匹配对 $C = \{c_1, c_2, \cdots, c_i, \cdots, c_n\}$ 与 $C' = \{c_1', c_2', \cdots, c_i', \cdots, c_n'\}$，计算每对匹配点 c_i 和 c_i' 的主方向误差 $\text{PDE}_i = \theta_i - \theta_i'$ 与尺度误差 $\text{SE}_i = \text{kps}_i / \text{kps}_i'$，其中，$\theta$ 和 kps 分别为特征点的主方向和尺度。

（3）计算匹配点集的主方向误差和尺度误差的 PDE 直方图与 SE 直方图。在这两个直方图中，利用自适应阈值找到主方向估计值 PDE^* 和尺度估计值 SE^*。两种估计值的不同组合使用 k 统计，$k_{jz} = \{\text{PDE}_j^*, \text{SE}_z^*\}$，$k = 1, \cdots, K$，$K$ 为排列总数。

（4）通过式（3.23）～式（3.25），计算每对匹配点 c_i 和 c_i' 的主方向 $\varepsilon_{\text{PDE}}(i)$、尺度 $\varepsilon_{\text{SE}}(i)$、联合距离 $\text{JD}(i)$。

$$\varepsilon_{\text{PDE}}(i) = |\text{PDE}_i - \text{PDE}^*| \quad (3.23)$$

$$\varepsilon_{\text{SE}}(i) = |1 - \text{SE}^* \text{SE}_i| \quad (3.24)$$

$$\text{JD}(i) = (1 + \varepsilon_{\text{PDE}}(i))(1 + \varepsilon_{\text{SE}}(i))\text{ED}(i) \quad (3.25)$$

式中，ED(i)表示欧氏距离。

计算不同组合 k_{jz} 的粗匹配点集的平均联合距离 $\overline{\text{JD}}_{jz}$，若 $\overline{\text{JD}}_{jz}$ 最小，则得到该匹配点集的最佳主方向估计值与最佳尺度估计值。对最佳组合下的联合距离设定阈值 T_{JD} 来剔除错误匹配对，得到新的匹配点集 C_k 和 C_k'。

（5）由于在新的匹配点集 C_k 和 C_k' 中仍然会存在部分错误匹配对，因此，分别对新的匹配点集中每对匹配点的主方向误差和尺度误差使用阈值 T_{PDE} 和 T_{SE}，以剔除错误匹配对。

3.4.3 自适应 PCNN 分割区域匹配

本节所提算法的第二部分为自适应 PCNN 分割区域匹配。首先，对参考影像与待配准影像利用自适应 PCNN 分割技术，获得分割区域。然后，使用 GLOH 特征描述符与 Hu 不变矩特征描述符共同对分割区域进行描述。最后，利用联合得分最近邻距离比对分割区域进行匹配。

1. Hu 不变矩特征描述

在前文区域拟合归一化中已经提到影像矩的相关概念，其中的几何矩可以有效地表示物体的几何形状，但它们并不具备不变性。Hu 利用几何矩构造出 7 个不变矩，这 7 个不变矩具备平移、旋转、缩放的不变性，7 个不变矩的数学描述为[117]

$$\phi_1 = m_{20} + m_{02} \tag{3.26}$$

$$\phi_2 = (m_{20} - m_{02})^2 + 4m_{11}^2 \tag{3.27}$$

$$\phi_3 = (m_{30} - 3m_{12})^2 + 3(m_{21} - m_{03})^2 \tag{3.28}$$

$$\phi_4 = (m_{30} + m_{12})^2 + (m_{21} + m_{03})^2 \tag{3.29}$$

$$\phi_5 = (m_{30} - 3m_{12})(m_{30} + m_{12})[(m_{30} + m_{12})^2 - 3(m_{21} + m_{03})^2] + \\ 3(m_{21} - m_{03})(m_{21} + m_{03})[3(m_{30} + m_{12})^2 - (m_{21} + m_{03})^2] \tag{3.30}$$

$$\phi_6 = (m_{20} - m_{02})[(m_{30} + m_{12})^2 - (m_{21} + m_{03})^2] + 4m_{11}(m_{30} + m_{12})(m_{21} + m_{03}) \tag{3.31}$$

$$\phi_7 = (3m_{21} - m_{03})(m_{30} + m_{12})[(m_{30} + m_{12})^2 - 3(m_{21} + m_{03})^2] + \\ (3m_{12} - m_{30})(m_{21} + m_{03})[3(m_{30} + m_{12})^2 - (m_{21} + m_{03})^2] \tag{3.32}$$

式中，ϕ_i 表示 i 阶不变矩，$i=1,2,3,4,5,6,7$。在实际计算中，为了缩小动态范围，常使用对数的绝对值代替不变矩本身，即

$$\phi_i = |\lg(|\phi_i|)|, i = 1,2,3,4,5,6,7 \tag{3.33}$$

不变矩是一种重要的影像不变特征，它对噪声不敏感，可以很好地描述影像特征。

2. 联合得分最近邻距离比

在特征描述阶段，使用归一化区域的梯度信息来描述局部邻域信息，使用 Hu

不变矩特征描述符来表示分割区域的形状。在区域匹配阶段，使用参考影像与待配准影像中相应区域特征向量的最近邻距离比作为相似度量来进行区域匹配。最近邻距离比用来计算特征描述符的最近邻欧氏距离和次近邻欧氏距离的比值，如果超过了预先设定的匹配阈值，则将该对特征点视为匹配对。由于 GLOH 特征描述符与 Hu 不变矩特征描述符的特征向量长度、取值均不相同，直接计算两者特征描述符的欧氏距离会造成较大的误差。因此，本节使用联合得分最近邻距离比来进行区域匹配。

首先，设参考影像第 i 区域的特征向量为 $U_i=[u_1,\cdots,u_{136},\phi_1,\cdots,\phi_7]^T$，待配准影像第 j 区域的特征向量为 $V_j=[v_1,\cdots,v_{136},\phi_1',\cdots,\phi_7']^T$，则这对区域的匹配相似度量为

$$\text{ED}(U_i,V_j)=\omega_1\left[\sum_{k=1}^{136}(u_k^2-v_k^2)\right]^{\frac{1}{2}}+\omega_2\left[\sum_{j=1}^{7}(\phi_j^2-\phi_j'^2)\right]^{\frac{1}{2}} \quad (3.34)$$

式中，ω_1 和 ω_2 分别为 GLOH 特征描述符与 Hu 不变矩特征描述符的贡献权重。若最近邻联合得分与次近邻联合得分的比值大于阈值 T，则认为这是一对区域匹配对。

3.4.4　实验与分析

1. 实验数据集

本节对 4 组不同传感器的遥感影像进行了实验，以此来验证本节算法（联合 SBAPR-GLOH-Hu 算法与改进后的 UR-SIFT 算法）的有效性。第 1 组数据集（Pair1）来自高分一号卫星和高分二号卫星，数据集分辨率较高且具有一定的光谱差异和时相差异。第 2 组数据集（Pair2）来自高分一号卫星和 SPOT-5 卫星，数据集覆盖区域为山脉、农田等地物。第 3 组数据集（Pair3）来自高分一号卫星和 Sentinel-2 卫星，数据集具有一定的光谱差异。第 4 组数据集（Pair4）来自 Sentinel-2 卫星和 Landsat-8 卫星，数据集分辨率较低，覆盖区域为机场、建筑物、农田等较为复杂的地物。图 3.13 和表 3.2 分别显示了数据集的影像和参数。图 3.13（a）、图 3.13（c）、图 3.13（e）、图 3.13（g）为参考影像，图 3.13（b）、图 3.13（d）、图 3.13（f）、图 3.13（h）为待配准影像。

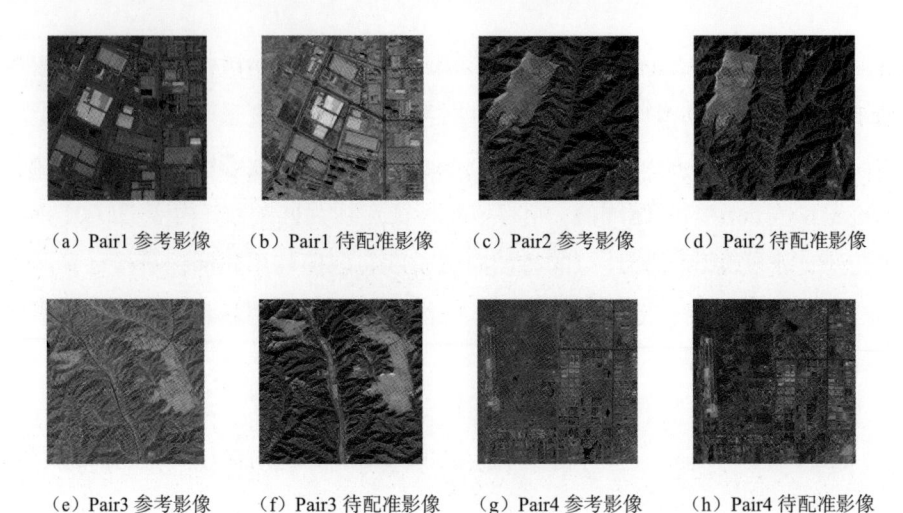

(a) Pair1 参考影像　　(b) Pair1 待配准影像　　(c) Pair2 参考影像　　(d) Pair2 待配准影像

(e) Pair3 参考影像　　(f) Pair3 待配准影像　　(g) Pair4 参考影像　　(h) Pair4 待配准影像

图 3.13　数据集的影像

表 3.2　数据集的参数

数据集		卫星	数据类型	尺寸大小/像素	空间分辨率/m	采样时间	地区
Pair1	(a)	高分一号	全色波段	600×600	2	2017/05/27	兰州市区
	(b)	高分二号	近红外波段	400×400	4	2014/07/24	兰州市区
Pair2	(c)	高分一号	全色波段	800×800	2	2015/02/14	兰州郊区
	(d)	SPOT-5	全色波段	800×800	5	2015/03/26	兰州郊区
Pair3	(e)	高分一号	近红外波段	750×750	8	2016/0727	兰州郊区
	(f)	Sentinel-2	蓝波段	600×600	10	2016/12/01	兰州郊区
Pair4	(g)	Sentinel-2	近红外波段	850×850	10	2016/11/01	兰州新区
	(h)	Landsat-8	全色波段	600×600	15	2016/12/20	兰州新区

2. 分割区域特征描述符对比实验

为了方便对比，本节中的 SBAPR-SURF 算法使用 SURF 特征描述符对区域进行描述，SBAPR-GLOH 算法使用 GLOH 特征描述符对区域进行描述，SBAPR-GLOH-Hu 算法使用 GLOH 特征描述符和 Hu 不变矩特征描述符对区域共同描述。数据集区域匹配结果如图 3.14 所示。其中，图 3.14（a）、图 3.14（d）、图 3.14（g）、图 3.14（j）为 SBAPR-SURF 算法在 4 组数据集中的区域匹配结果，图 3.14（b）、图 3.14（e）、图 3.14（h）、图 3.14（k）为 SBAPR-GLOH 算法在 4 组数据集中的区域匹配结果，图 3.14（c）、图 3.14（f）、图 3.14（i）、

图 3.14（1）为 SBAPR-GLOH-Hu 算法在 4 组数据集中的区域匹配结果。图 3.14 中所有正确的区域匹配结果已进行标红处理（见彩图）。

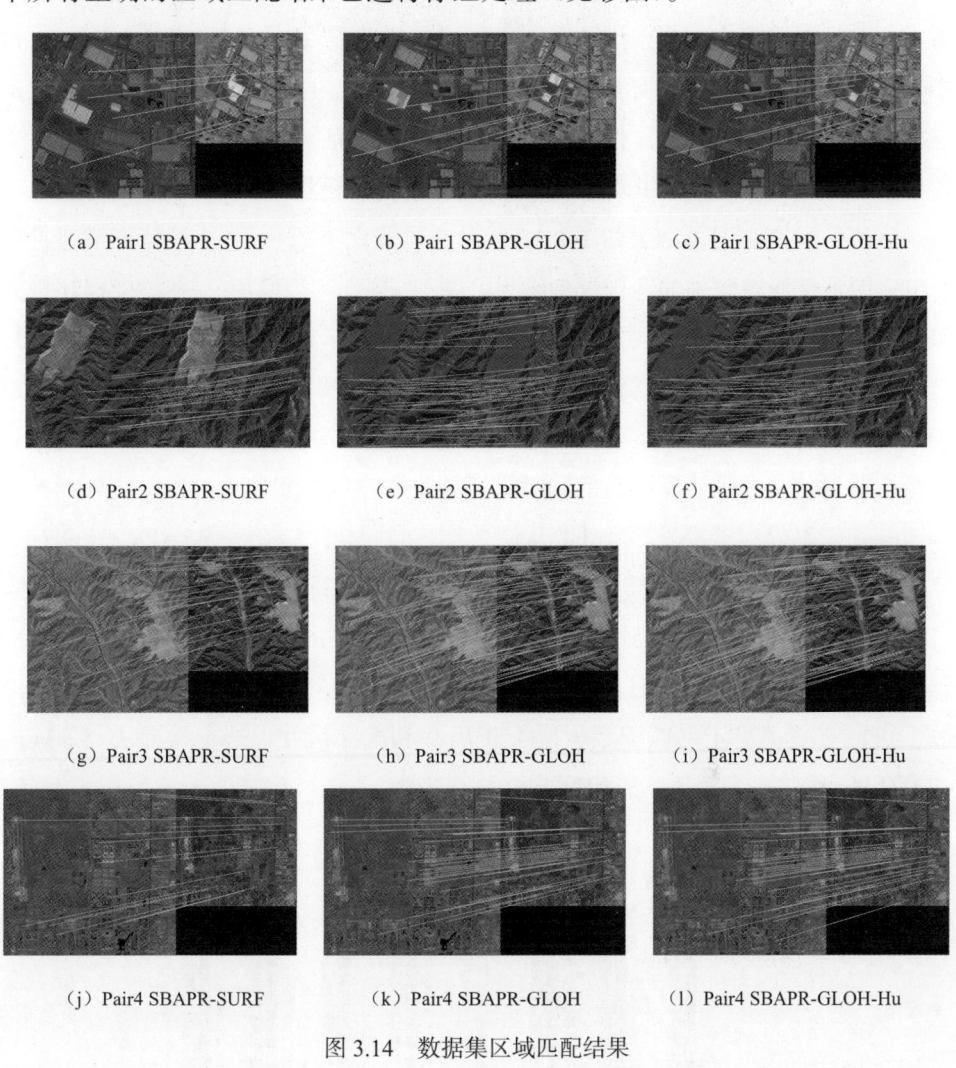

（a）Pair1 SBAPR-SURF　　　（b）Pair1 SBAPR-GLOH　　　（c）Pair1 SBAPR-GLOH-Hu

（d）Pair2 SBAPR-SURF　　　（e）Pair2 SBAPR-GLOH　　　（f）Pair2 SBAPR-GLOH-Hu

（g）Pair3 SBAPR-SURF　　　（h）Pair3 SBAPR-GLOH　　　（i）Pair3 SBAPR-GLOH-Hu

（j）Pair4 SBAPR-SURF　　　（k）Pair4 SBAPR-GLOH　　　（l）Pair4 SBAPR-GLOH-Hu

图 3.14　数据集区域匹配结果

从图 3.14 中可以看出，相较 SBAPR-SURF 算法，使用 SBAPR-GLOH 算法与 SBAPR-GLOH-Hu 算法均获得了更多的正确匹配对。在图 3.14（b）和图 3.14（c）中可以看到，使用 GLOH 特征描述符和 Hu 不变矩特征描述符共同描述的 SBAPR-GLOH-Hu 算法获得了 9 对匹配区域，而仅使用 GLOH 特征描述符进行描述的 SBAPR-GLOH 算法只获得了 8 对匹配区域。在图 3.14（k）和图 3.14（l）

中，SBAPR-GLOH 算法影像下方的湖泊区域出现了丢失匹配的现象。此外，Pair1 与 Pair2 具有较多的平坦区域，且边界清晰，这使 PCNN 的分割质量得到了提升，可以较好地对影像中较为平坦的区域进行成功的匹配。相比之下，在 Pair3 与 Pair4 中，影像光谱的差异和地物复杂度影响了 PCNN 分割的准确性，导致出现区域粘连的现象。从目视主观上定性评价，使用 GLOH 特征描述符和 Hu 不变矩特征描述符共同描述的 SBAPR-GLOH-Hu 算法同样获得了更优的区域匹配结果。

区域匹配客观评价结果如图 3.15 所示（见彩图），显示了 3 种特征描述符在 4 组多源遥感影像对中的客观评价结果。图 3.15（a）为使用 3 种特征描述符的 SBAPR 算法在不同数据集中的精度指标对比图。图 3.15（b）为匹配数量对比图，包括两种特征描述符的粗匹配数和正确匹配数，其中，N 为粗匹配数，NCM 为正确匹配数。从图 3.15 中可以发现，相比 SBAPR-GLOH 算法，SBAPR-GLOH-Hu 算法在获得较多的正确匹配数的同时，还减少了错误匹配的数量，这使分割区域的匹配正确率得到了提升。此外，从图 3.15（a）中可以看出，SBAPR-GLOH-Hu 算法获得了最小的 RMSE 值，说明在多源遥感影像配准中，相较于单一特征描述，将分割区域的几何信息与特征信息联合可以获得更高的配准精度。综合图 3.14 和图 3.15 可以发现，将 GLOH 特征描述符和 Hu 不变矩特征描述符共同描述分割区域，可以有效提高正确匹配数、匹配正确率和配准精度，这也验证了 SBAPR-GLOH-Hu 算法在多源遥感影像配准中的有效性。

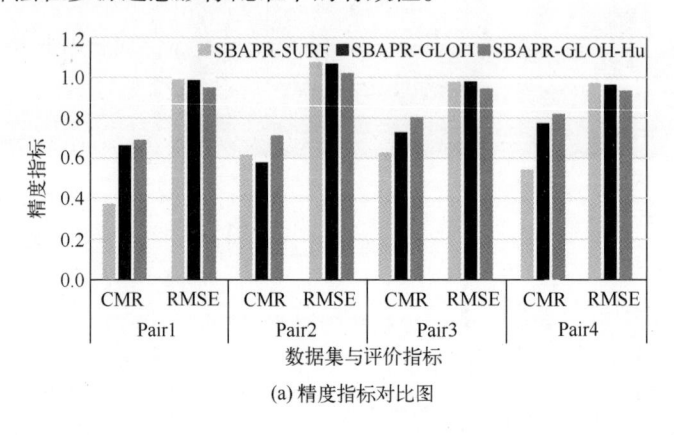

(a) 精度指标对比图

图 3.15 区域匹配客观评价结果

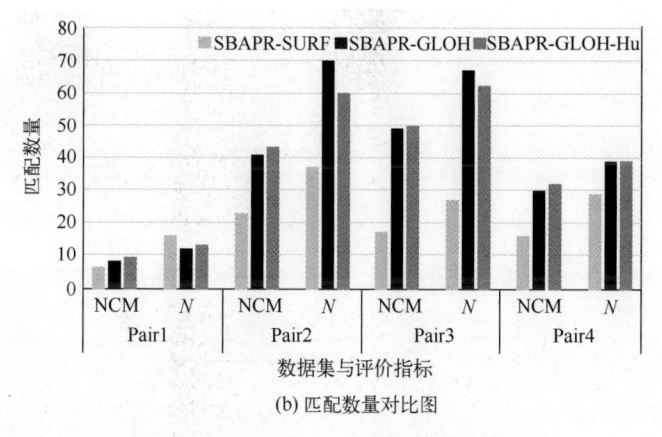

(b) 匹配数量对比图

图 3.15 区域匹配客观评价结果（续）

3. 本节算法对比实验

为了验证本节算法的有效性，采用 SIFT 算法、SURF 算法、UR-SIFT 算法、改进后的 UR-SIFT 算法与本节算法开展对比实验。所有算法均基于最近邻距离比和 FSC 算法，进行特征点匹配并计算配准参数。此时，矩阵变换误差大于 2 个像素的同名点为外点。

数据集特征点匹配结果如图 3.16 所示（见彩图）。图 3.16（a）、图 3.16（c）、图 3.16（e）、图 3.16（g）为本节算法的联合点特征与分割区域特征的匹配结果，图 3.16（b）、图 3.16（d）、图 3.16（f）、图 3.16（h）为 UR-SIFT 算法的特征点匹配结果，其中，红色线条为点特征的匹配连线，绿色线条为分割区域特征的匹配连线。从图 3.16 中可以看出，本节算法相比 UR-SIFT 算法获得了更多的正确匹配数。

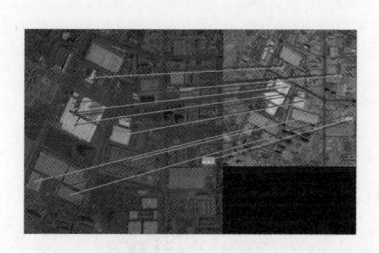

（a）Pair1 本节算法匹配结果 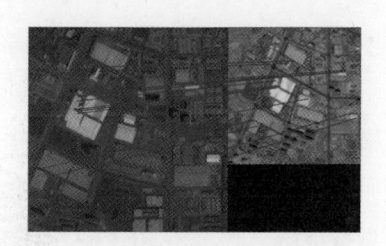　　　　（b）Pair1 UR-SIFT 匹配结果

图 3.16 数据集特征点匹配结果

（c）Pair2 本节算法匹配结果　　　　　　（d）Pair2 UR-SIFT 匹配结果

（e）Pair3 本节算法匹配结果　　　　　　（f）Pair3 UR-SIFT 匹配结果

（g）Pair4 本节算法匹配结果　　　　　　（h）Pair4 UR-SIFT 匹配结果

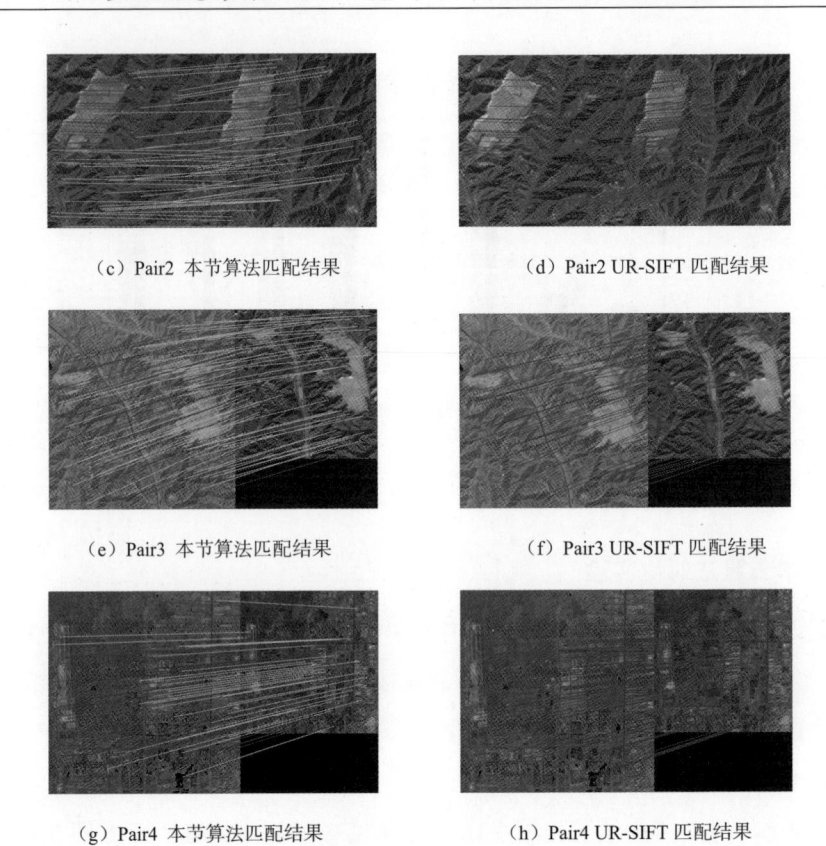

图 3.16　数据集特征点匹配结果（续）

数据集配准客观评价结果如表 3.3 所示，可以看出，本节算法的 NCM、RMSE 指标都得到了明显的提升。Pair1 的参考影像与待配准影像分别来自高分一号卫星的全色波段与高分二号卫星的近红外波段。由于红外与可见光的成像机理不同，相同物体在红外和可见光中的影像灰度差异较大，因此在两幅影像中，个别特征点的梯度方向会呈现 180° 的翻转。这导致了基于梯度的特征描述符和局部区域主方向的不准确，进而影响特征点匹配的正确率和精度。因为本节并未对基于梯度的特征描述符进行改进，所以 Pair1 中几种算法的正确匹配数较少，但由于本节算法利用了点特征与分割区域特征的联合配准，因此能够得到最高的正确匹配数。此外，点特征约束的 UR-SIFT 算法在 CMR、RMSE 指标上得到了较大的提升，而本节算法在 NCM、RMSE 指标上均获得了最优值。

表 3.3　数据集配准客观评价结果

数据集		SIFT	SURF	UR-SIFT	改进后的 UR-SIFT	本节算法
Pair1	NCM	13	15	15	21	30
	CMR	0.3714	0.5556	0.6296	0.8400	0.7895
	RMSE	0.9891	1.1096	0.9611	0.9547	0.9393
Pair2	NCM	41	37	143	139	181
	CMR	0.6949	0.5522	0.7186	0.7202	0.7154
	RMSE	1.0888	1.0473	1.0372	1.0244	0.9984
Pair3	NCM	27	19	55	54	104
	CMR	0.4355	0.3015	0.4867	0.7200	0.7591
	RMSE	1.0393	1.1564	0.9508	0.9445	0.9142
Pair4	NCM	44	35	108	103	135
	CMR	0.7458	0.5147	0.8437	0.8803	0.8654
	RMSE	1.0458	1.0142	1.0090	0.9824	0.8889

4 组实验结果的棋盘镶嵌图如图 3.17 所示。为了更好地观察配准结果,本节对 Pair3、Pair4 进行了部分灰度变换。通过对棋盘镶嵌图进行目视检查,发现融合影像中建筑物、山脉等地物的边缘相吻合、无偏差,这定性地验证了本节算法的配准性能。此外,结合表 3.3 可知,在各个数据集中,本节算法配准结果的 RMSE 值均最小,这也定量地证明了本节算法的有效性。

（a）Pair1 数据集棋盘镶嵌图　　　　（b）Pair2 数据集棋盘镶嵌图

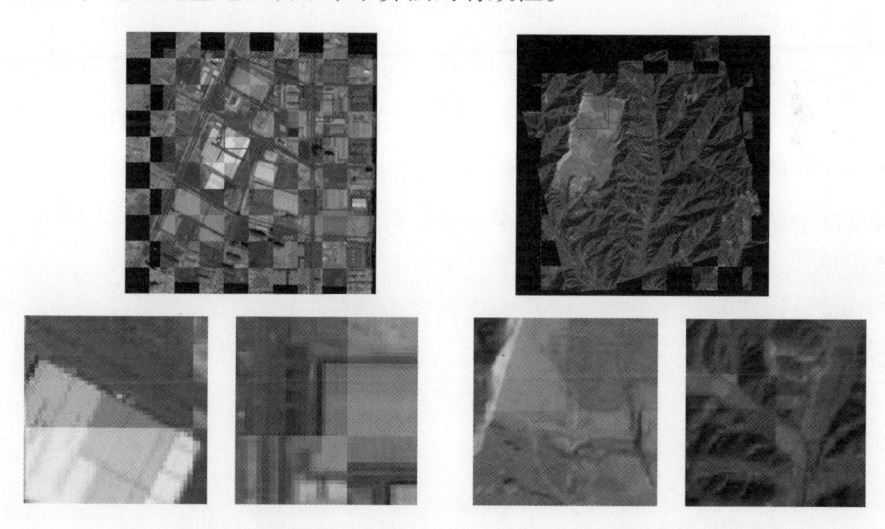

图 3.17　4 组实验结果的棋盘镶嵌图

(c) Pair3 数据集棋盘镶嵌图　　　　　　　　(d) Pair4 数据集棋盘镶嵌图

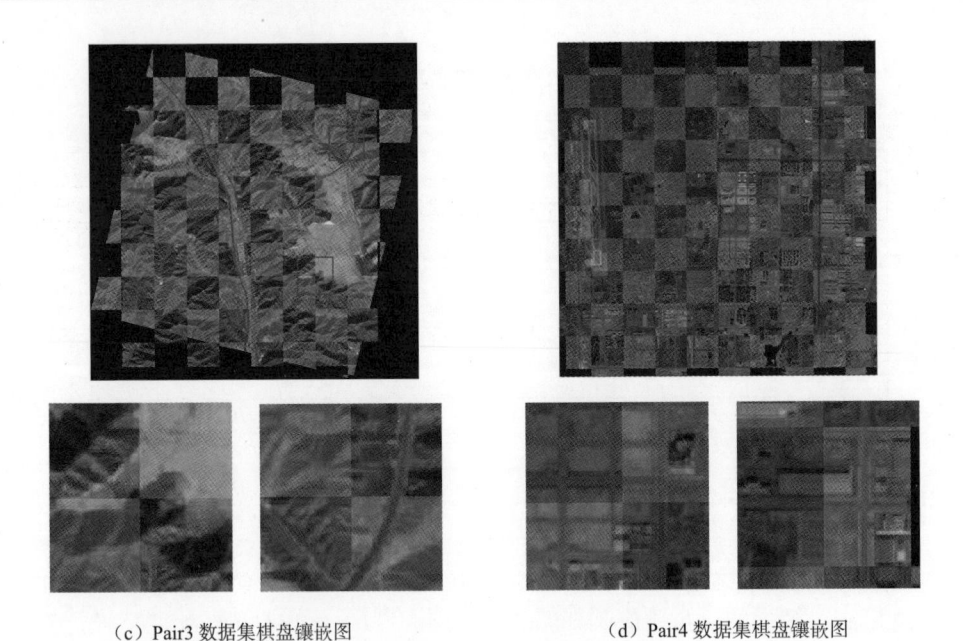

图 3.17　4 组实验结果的棋盘镶嵌图（续）

3.5　本章小结

本章结合 PCNN 模型，提出了两种遥感影像配准算法，并对配准中的分割与配准结果的自适应反馈、PCNN 模型的参数自适应以及分割区域的匹配等问题开展了针对性的研究。通过不同传感器数据集的对比实验，验证了本章算法在遥感影像配准中的有效性。本章算法对多源遥感影像配准具有一定的理论和实践指导意义。

第4章 PCNN分割特性与遥感影像全色锐化融合

同一区域拍摄的全色影像和多光谱影像通常可以同时获取,但是受卫星传感器固定信噪比的约束,多光谱影像的空间分辨率通常较差。相反,全色影像的空间分辨率较高,但缺乏光谱分辨能力。此时,较好的解决方案是对低分辨率的多光谱影像进行全色锐化,从而得到更高分辨率的多光谱影像。

本章结合全色锐化的需求,将PCNN模型的特点与优势应用于全色影像和多光谱影像融合中。

4.1 研究背景

多分辨率分析算法主要通过多分辨率分解和提取高分辨率影像的空间纹理信息,并将其注入低分辨率的多光谱影像中,获取兼有空间分辨率和光谱分辨率的融合影像。多分辨率分析算法在计算注入增益时,一般采用全局或局部的统计算法。其中,局部的统计算法明显优于全局的统计算法,但在对局部进行聚类统计时,学者大多采用固定的矩形框,而没有考虑像素间的相关性,这将导致注入增益的方块效应,特别是在高分辨率影像的边缘更易出现光谱失真。此外,由于多光谱影像和航拍影像的分辨率差异较大,因此单次的融合处理难以直接对其进行融合。为此,本章提出一种基于PCNN分割特性的遥感影像全色锐化融合算法(PCNN Segmentation Based Pansharpening,PSBP),旨在非规则区域里统计注入增益,以替代传统的矩形框权重统计算法。

4.2 PCNN遥感影像分割

PCNN遥感影像分割示例如图4.1所示,其中,图4.1(a)为原始遥感影像,

图 4.1（b）～图 4.1（h）为不同迭代 n 下的分割结果。通过 PCNN 模型，整个遥感影像被分割为具有一定相关性的非规则区域。传统算法和本章算法采用的局部统计区域对比图如图 4.2 所示（见彩图）。图 4.2（a）为传统算法进行局部注入增益统计的矩形区域。图 4.2（b）和图 4.2（c）为本章算法进行局部注入增益统计的非规则区域。显而易见，非规则区域更容易统计到具有相似特征和邻域关系的相关像素特征。

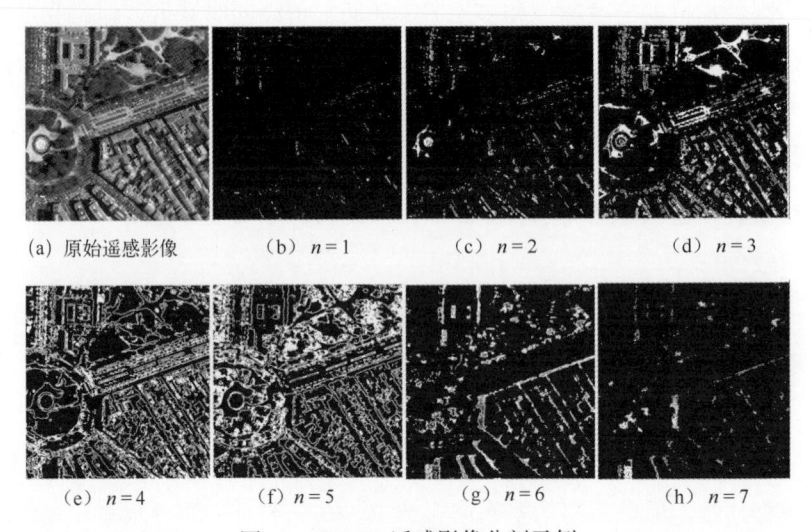

(a) 原始遥感影像　　(b) $n=1$　　(c) $n=2$　　(d) $n=3$

(e) $n=4$　　(f) $n=5$　　(g) $n=6$　　(h) $n=7$

图 4.1　PCNN 遥感影像分割示例

(a) 矩形区域　　(b) 非规则区域1　　(c) 非规则区域2

图 4.2　传统算法和本章算法采用的局部统计区域对比图

4.3　PSBP 算法

PSBP 算法框图如图 4.3 所示。

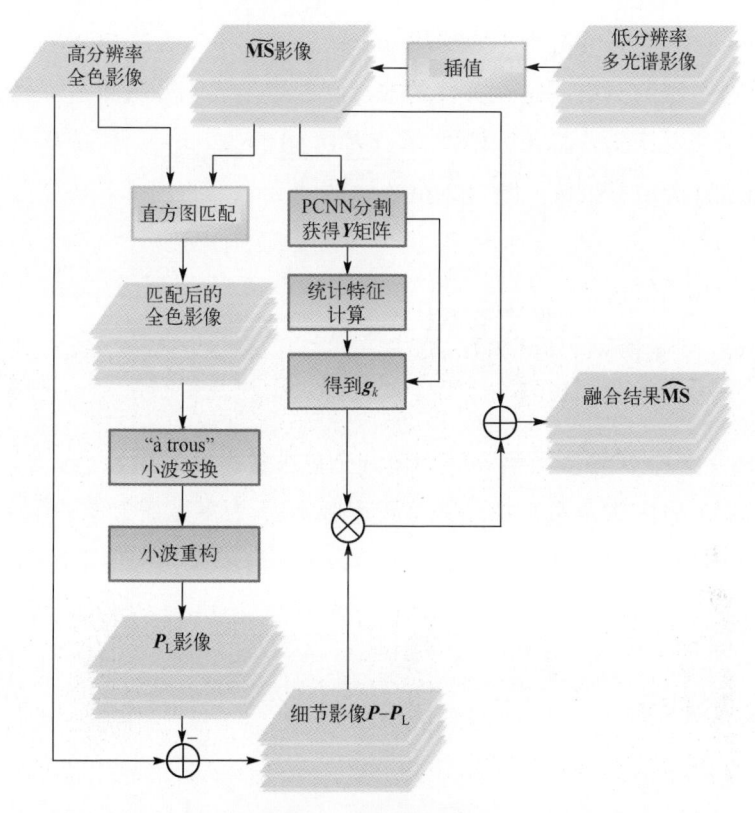

图 4.3　PSBP 算法框图

PSBP 算法的执行主要分为以下 9 个步骤。

（1）将低分辨率多光谱影像插值到全色影像尺度中，得到 $\widehat{\mathrm{MS}}$ [118]。

（2）对经过插值后的多光谱影像和高分辨率全色影像执行直方图匹配的操作，得到匹配后的全色影像。

（3）使用"à trous"小波变换将全色影像分解到小波域[1]。

（4）利用小波重构获得 P_L 影像（重构时将高频系数置 0）。

（5）获得细节影像 $P - P_\mathrm{L}$。

（6）对经过插值后的多光谱影像执行 PCNN 分割，获得 Y 矩阵。

（7）进行统计特征计算，得到 g_k。

（8）更新 g_k，且 $n = n+1$，直到所有神经元均被激发。

（9）获取融合结果 $\widehat{\mathrm{MS}}$。

PSBP 算法中涉及的公式为

$$\widehat{\mathbf{MS}}_k = \widetilde{\mathbf{MS}}_k + g_k(\mathbf{P} - \mathbf{P}_L), k = 1, \cdots, K \tag{4.1}$$

$$\mathbf{CR}[n] = \begin{cases} \dfrac{\text{Cov}(\widetilde{\mathbf{MS}}_k(i,j), \mathbf{P}_L(i,j))}{\text{Cov}(\mathbf{P}_L(i,j), \mathbf{P}_L(i,j))}, & Y_{ij}[n] = 1 \\ 0, & \text{其他} \end{cases} \tag{4.2}$$

$$g_k[n] = \begin{cases} \dfrac{\text{Std}(\widetilde{\mathbf{MS}}_k(i,j))}{\text{Std}(\mathbf{P}_L(i,j))}, & \mathbf{CR}[n] > 0 \text{ 且 } Y_{ij}[n] = 1 \\ 0, & \text{其他} \end{cases} \tag{4.3}$$

式中，$\widetilde{\mathbf{MS}}$ 为低分辨率多光谱影像插值到全色影像尺度的影像；g_k 为权重因子；$\mathbf{P}$ 为全色影像；$\mathbf{P}_L$ 为全色影像的低分辨率版本；k 为多光谱影像的第 k 个波段；K 为多光谱影像的总光谱波段数；$\mathbf{CR}[n]$ 为多光谱影像与全色影像第 n 次迭代的区域相关性。

4.4 实验结果

4.4.1 实验数据

分别在郊区和市区的共 3 个实验区域开展实验，以验证本章算法的有效性。

数据集 1 获取自 WorldView-2 传感器所采集的华盛顿影像。其中，全色影像的空间分辨率为 0.5m，尺寸为 2400×2400 像素。多光谱影像涵盖了蓝、绿、红和近红外 4 个光谱波段，其空间分辨率为 2m，尺寸为 600×600 像素。

数据集 2 获取自 IKONOS-2 传感器所采集的四川影像。其中，全色影像的空间分辨率为 1m，尺寸为 2048×2048 像素。多光谱影像涵盖了蓝、绿、红和近红外 4 个光谱波段，其空间分辨率为 4m，尺寸为 512×512 像素。

数据集 3 获取自 QuickBird 传感器所采集的美国博尔德影像。其中，全色影像的空间分辨率为 0.7m，尺寸为 2400×2400 像素。多光谱影像涵盖了蓝、绿、红和近红外 4 个光谱波段，其空间分辨率为 2.8m，尺寸为 600×600 像素。

4.4.2 评价指标

为验证本章算法的有效性,需要对实验结果进行定量的评价。这里采用的评价指标包括谱角匹配(Spectral Angle Mapper, SAM)指标[119]、相对无量纲全局合成误差(Erreur Relative Globale Adimensionnelle de Synthèse, ERGAS)指标[120]、四元数索引(Quaternion Index, Q4)指标[121-122],它们的数学描述分别为

$$\text{SAM}(x, y) = (1/K) \sum_{k=1}^{K} \arccos(\langle x_k, y_k \rangle / (\|x_k\|_2 \cdot \|y_k\|_2)) \tag{4.4}$$

$$\text{ERGAS}(x, y) = 100r \sqrt{(1/K) \sum_{k=1}^{K} (\text{RMSE}^2(x_k, y_k) / \mu^2(x_k))} \tag{4.5}$$

$$Q4(x, y) = \frac{4\text{Cov}(x, y)\mu(x)\mu(y)}{(\mu^2(x) + \mu^2(y))(\sigma^2(x) + \sigma^2(y))} \tag{4.6}$$

式中,

$$\text{RMSE}(x, y) = \sqrt{\frac{1}{T} \sum_{i=1}^{T} (x_i - y_i)^2} \tag{4.7}$$

式(4.4)~式(4.7)中,<>表示内积操作;$\| \|_2$表示l_2范数;r表示空间分辨率;σ和μ分别表示方差和平均值;T表示参考影像的总像素个数。SAM 用来衡量融合影像光谱的全局保持精度,其最优值为 0。ERGAS 用来衡量真实影像与融合影像之间的细节失真程度,其最优值同样为 0。Q4 用来综合衡量空间细节信息和光谱信息的保持效果,其最优值为 1。

4.4.3 参数设置

PCNN 模型中的初始参数设置如下:$F = Y^F = Y^U = 0$,$E = [1]$,初始的迭代次数 $n = 1$。I 表示输入影像,在输入 PCNN 模型前归一化到区间[0,1]。连接权重 M 和 W 设置为[0.5, 1, 0.5; 1, 0, 1; 0.5, 1, 0.5]。其他的 PCNN 参数设置如表 4.1 所示。

表 4.1 其他的 PCNN 参数设置

参数	α_F	α_L	α_E	V_F	V_L	V_E	β
取值	0.1	1.0	0.62	0.5	0.2	inf	0.1

4.4.4 对比实验

为了验证本章算法的有效性，将本章提出的 PSBP 算法与其他经典的 8 种算法做了对比实验。这 8 种算法包括 ATWT 算法[123]、主成分分析（Principal Component Analysis, PCA）算法[124]、Brovey 变换（Brovey Transform, BT）算法[125]、亮度−色调−饱和度（Intensity-Hue-Saturation, IHS）算法[126]、多光谱影像插值（EXP）算法[127]、基于 MTF 自回归匹配滤波注入模型（CBD）算法[128]、基于形态学算子融合（Morphological Operators based Fusion, MOF）算法[129]和 Gram-Schmidt（GS）算法[130]。其中，PCA 算法、BT 算法、IHS 算法和 GS 算法属于成分替代算法，ATWT 算法、CBD 算法和 MOF 算法属于多分辨率分析算法。本章采用 WorldView-2 传感器拍摄的华盛顿影像融合结果如图 4.4 所示。其中，图 4.4（a）和图 4.4（b）分别为华盛顿数据集的原始全色影像和原始多光谱影像。图 4.4（c）为参考影像。PSBP 算法融合结果如图 4.4（d）所示（见彩图），PSBP 算法在较好地保留了光谱影像的同时，还提升了原始多光谱影像的细节表现能力。图 4.4（e）~图 4.4（l）分别为针对华盛顿数据集采用 EXP 算法、GS 算法、PCA 算法、BT 算法、IHS 算法、CBD 算法、ATWT 算法和 MOF 算法的融合结果。

（a）原始全色影像　　（b）原始多光谱影像　　（c）参考影像　　（d）PSBP 算法融合结果

（e）EXP 算法融合结果　　（f）GS 算法融合结果　　（g）PCA 算法融合结果　　（h）BT 算法融合结果

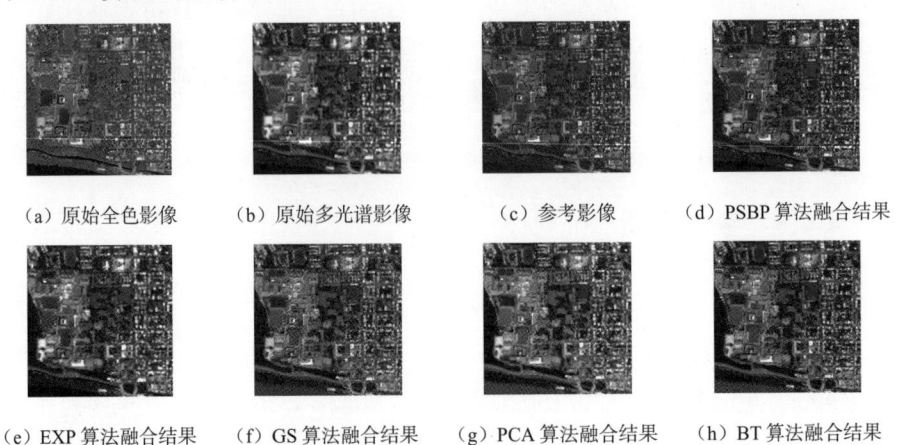

图 4.4　华盛顿影像融合结果

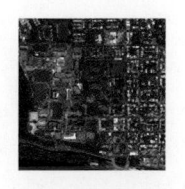

第4章 PCNN 分割特性与遥感影像全色锐化融合

(i) IHS 算法融合结果　　(j) CBD 算法融合结果　　(k) ATWT 算法融合结果　　(l) MOF 算法融合结果

图 4.4　华盛顿影像融合结果（续）

由图 4.4 的对比实验可以看出，BT 算法和 IHS 算法融合结果的光谱失真较大，尤其是在河流区域，而其他算法没有明显的光谱失真。EXP 算法融合结果的影像细节轮廓模糊，而 PSBP 算法与 ATWT 算法、CBD 算法、MOF 算法的融合结果在空间细节和光谱一致性上表现较好。表 4.2 给出了华盛顿数据集的定量比较结果，其中，所有算法的最优结果采用粗体突出显示。由表 4.2 可见，与其他算法相比，PSBP 算法展现出更少的光谱失真和更好的细节保持能力。

表 4.2　华盛顿数据集的定量比较结果

指标	PSBP	EXP	GS	PCA	BT	IHS	CBD	ATWT	MOF
Q4	**0.8641**	0.6070	0.7721	0.7209	0.7690	0.7729	0.8632	0.8583	0.8619
SAM/°	**7.3802**	7.8689	8.1776	9.7324	7.8689	8.3991	8.1899	7.6920	7.7011
ERGAS	**5.0807**	9.1736	6.4363	7.7479	6.6311	6.5689	5.3809	5.3997	5.3416

本章采用 IKONOS-2 传感器拍摄的四川影像融合结果如图 4.5 所示（见彩图）。其中，图 4.5（a）和 4.5（b）分别为四川数据集的原始全色影像和原始多光谱影像。图 4.5（c）为参考影像。PSBP 算法融合结果如图 4.5（d）所示，PSBP 算法在较好地保留了光谱影像的同时，还提升了原始多光谱影像的细节表现能力。图 4.5（e）~图 4.5（l）分别为针对四川数据集采用 EXP 算法、GS 算法、PCA 算法、BT 算法、IHS 算法、CBD 算法、ATWT 算法和 MOF 算法的融合结果。

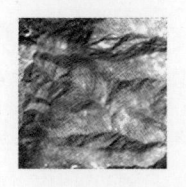

(a) 原始全色影像　　(b) 原始多光谱影像　　(c) 参考影像　　(d) PSBP 算法融合结果

图 4.5　四川影像融合结果

(e) EXP 算法融合结果　　（f) GS 算法融合结果　　（g) PCA 算法融合结果　　（h) BT 算法融合结果

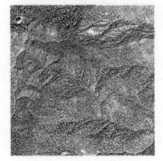

(i) IHS 算法融合结果　　（j) CBD 算法融合结果　　（k) ATWT 算法融合结果　　（l) MOF 算法融合结果

图 4.5　四川影像融合结果（续）

由图 4.5 的对比实验可以看出，BT 算法和 IHS 算法融合结果的光谱失真较大，而其他算法没有明显的光谱失真。GS 算法、EXP 算法和 PCA 算法融合结果的影像细节轮廓模糊，而 PSBP 算法与 ATWT 算法、CBD 算法、MOF 算法的融合结果在空间细节和光谱一致性上表现较好。表 4.3 给出了四川数据集的定量比较结果，其中，所有算法的最优结果采用粗体突出显示。由表 4.3 可见，与其他算法相比，PSBP 算法展现出更少的光谱失真和更好的细节保持能力。

表 4.3　四川数据集的定量比较结果

指标	PSBP	EXP	GS	PCA	BT	IHS	CBD	ATWT	MOF
Q4	**0.8836**	0.5310	0.8354	0.8368	0.7086	0.5658	0.8762	0.8772	0.8810
SAM/°	**1.4171**	2.7454	1.7843	1.7942	2.7454	4.2208	1.4627	1.5599	1.5765
ERGAS	**1.2234**	2.5363	1.4884	1.4911	1.8771	2.8338	1.3027	1.2873	1.2960

本章采用 QuickBird 传感器拍摄的博尔德影像融合结果如图 4.6 所示（见彩图）。其中，图 4.6（a）和图 4.6（b）分别为博尔德数据集的原始全色影像和原始多光谱影像。图 4.6（c）为参考影像。PSBP 算法融合结果如图 4.6（d）所示。图 4.6（e）～图 4.6（l）分别为针对博尔德数据集采用 EXP 算法、GS 算法、PCA 算法、BT 算法、IHS 算法、CBD 算法、ATWT 算法和 MOF 算法的融合结果。

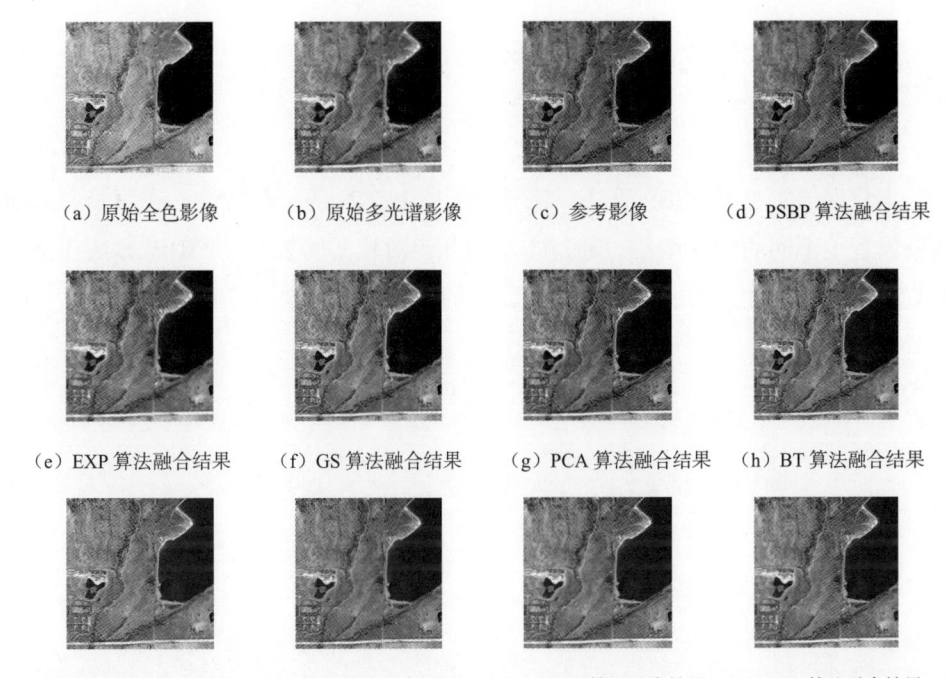

第 4 章　PCNN 分割特性与遥感影像全色锐化融合

（a）原始全色影像　　（b）原始多光谱影像　　（c）参考影像　　（d）PSBP 算法融合结果

（e）EXP 算法融合结果　　（f）GS 算法融合结果　　（g）PCA 算法融合结果　　（h）BT 算法融合结果

（i）IHS 算法融合结果　　（j）CBD 算法融合结果　　（k）ATWT 算法融合结果　　（l）MOF 算法融合结果

图 4.6　博尔德影像融合结果

由图 4.6 的对比实验可以看出,虽然 EXP 算法能够增强原始影像的细节信息,但其融合结果并不理想。GS 算法、BT 算法和 IHS 算法融合结果的光谱失真较大,而 PSBP 算法、PCA 算法、ATWT 算法、CBD 算法和 MOF 算法的融合结果在空间细节和光谱一致性上表现较好。表 4.4 给出了博尔德数据集的定量比较结果,其中,所有算法的最优结果采用粗体突出显示。由表 4.4 可见,与其他算法相比,PSBP 算法展现出更少的光谱失真和更好的细节保持能力。

表 4.4　博尔德数据集的定量比较结果

指标	PSBP	EXP	GS	PCA	BT	IHS	CBD	ATWT	MOF
Q4	**0.8802**	0.7191	0.8135	0.8160	0.8028	0.7814	0.8670	0.8798	0.8766
SAM/°	**0.9738**	1.1144	1.3568	1.5439	1.1144	1.3891	1.0161	1.0537	1.1476
ERGAS	**0.9295**	1.7480	1.1539	1.0947	1.1356	1.2517	1.0715	0.9651	1.0594

由图 4.4～图 4.6 的定性分析和表 4.2～表 4.4 的定量分析可以得出,PSBP 算法在影像的空间细节和光谱一致性上表现得更好。

4.5 本章小结

本章提出了一种 PSBP 算法。该算法利用 PCNN 的分割特性,在每个非规则区域设置了不同的注入增益。通过本章的几组对比实验表明,PSBP 算法在空间细节和光谱一致性方面的结果均优于其他的几种经典算法。

第5章 PCNN参数优化与遥感影像全色锐化融合

高空间分辨率的遥感影像具有更精细的区域纹理和细节特征。由于传统的全色锐化融合算法大多采用规则区域注入空间细节信息，这势必会造成融合影像中一定的光谱失真和细节损失。因此，如前文所述，较好的解决方案是选择符合人眼视觉特性的非规则区域自适应地注入空间细节信息，此时的融合结果更好。然而，尽管PCNN模型能够通过非线性脉冲发放生成非规则区域，并自适应地注入空间细节信息，从而解决非规则区域的细节注入问题，但由于PCNN参数众多且不同参数的影像分割结果差异显著，这严重影响了后续融合结果的稳定性。因此，本章结合黏菌算法（Slime Mould Algorithm, SMA）提出了一种自适应参数优化的PCNN遥感影像全色锐化融合算法。

5.1 研究背景

一般情况下，对地观测的遥感平台可同时获得多光谱影像和全色影像。全色锐化融合技术可获得兼顾高空间分辨率和光谱分辨率的融合结果。目前，全色锐化融合技术是许多高精度遥感应用不可或缺的前处理操作。

目前，学者们已提出了许多经典的全色锐化融合算法。例如，亮度相称的加性小波（Additive Wavelet Luminance Proportional, AWLP）算法[127]和MOF[129]算法等。然而，由于传统的全色锐化融合算法大多对整幅影像或影像中的矩形区域进行全色细节的注入，这势必会造成融合影像出现较大的光谱失真和细节损失。基于PCNN分割特性的遥感影像全色锐化融合算法[131]通过计算统计特征中不同区域的相关性，获得了较好的融合结果。然而，不同PCNN参数最终的融合结果不同，因此需要利用SMA实现对不同遥感影像锐化融合参数的自适应优化。

PCNN模型通过影像像素的非线性激发，获得与人眼视觉特性相一致的非规则区域。但是，由于 PCNN 参数众多，而不同参数的影像分割结果不同，这严重影响后续融合结果的稳定性。为此，本章结合 SMA[110]提出了一种自适应参数优化的 PCNN 遥感影像全色锐化融合算法。该算法通过模拟黏菌觅食的优化过程，自适应地改变 PCNN 参数来获得最优的非规则区域，并利用非规则区域替换传统矩形区域来统计细节注入增益，实现最优的融合结果。

5.2 SMA 自适应 PCNN 参数优化算法

本章使用 SMA 对 PCNN 的参数组合（$\alpha_F, \beta, \alpha_E$）进行优化。由于融合任务与分割任务存在差异，因此本章将融合影像与参考多光谱影像之间的 RMSE 值作为适应度函数。随着种群中的黏菌进行局部寻优与全局寻优，黏菌的适应度不断提高，直至达到迭代的终止条件为止，此时全局最佳适应度对应的黏菌的位置，就是所求的 PCNN 参数组合（$\alpha_F, \beta, \alpha_E$）的值。

本章算法是基于多分辨率分析（Multi-Resolution Analysis, MRA）实现全色细节的注入的，其数学描述为

$$\mathbf{MSO}_k = \widetilde{\mathbf{MS}}_k + g_k(\mathbf{P} - \mathbf{P}_L), \quad k = 1, \cdots, K \tag{5.1}$$

式中，**MSO** 为融合结果；$\widetilde{\mathbf{MS}}$ 为低分辨率多光谱影像插值到全色影像尺度的影像；g_k 为权重因子；$\mathbf{P}$ 为全色影像；$\mathbf{P}_L$ 为全色影像的低分辨率版本；k 为多光谱影像的第 k 个波段；K 为多光谱影像的总光谱波段数。

本章提出的自适应参数全色锐化（Adaptive Parameter Panchromatic Sharpening, APPS）算法框图如图 5.1 所示。APPS 算法的执行主要分为以下 5 个步骤。

（1）对原始多光谱影像按照全色影像的空间尺度进行双三次插值，得到 $\widetilde{\mathbf{MS}}$ 影像。

（2）对全色影像和 $\widetilde{\mathbf{MS}}$ 影像进行直方图匹配，得到匹配后的全色影像，并使用 "à trous" 小波变换分解影像。然后，将变换后的高频系数设置为 0，得到重构后的全色影像为 $\mathbf{P}_L$。

（3）开展 PCNN 分割，得到第 k 个波段的分割结果为 $Y_k\{n\}$，n 为 $\widetilde{\mathbf{MS}}$ 影像第 k 个波段 PCNN 的迭代分割次数。

（4）根据式（5.2）、式（5.3）计算 $\widetilde{\mathrm{MS}}$ 影像第 k 个波段 PCNN 每次迭代分割的细节注入增益 g_k。

$$\mathbf{CR}[n] = \begin{cases} \dfrac{\mathrm{Cov}(\widetilde{\mathbf{MS}}_k(i,j), \boldsymbol{P}_\mathrm{L}(i,j))}{\mathrm{Cov}(\boldsymbol{P}_\mathrm{L}(i,j), \boldsymbol{P}_\mathrm{L}(i,j))}, & Y_{ij}\{n\} = 1 \\ 0, & \text{其他} \end{cases} \quad (5.2)$$

$$g_k[n] = \begin{cases} \dfrac{\mathrm{Std}(\widetilde{\mathbf{MS}}_k(i,j))}{\mathrm{Std}(\boldsymbol{P}_\mathrm{L}(i,j))}, & \mathbf{CR}[n] > 1 \text{ 且 } Y_{ij}\{n\} = 1 \\ 0, & \text{其他} \end{cases} \quad (5.3)$$

式中，Cov 为协方差；Std 为标准差；(i,j) 为影像像素的坐标。

（5）根据式（5.1）计算融合结果。

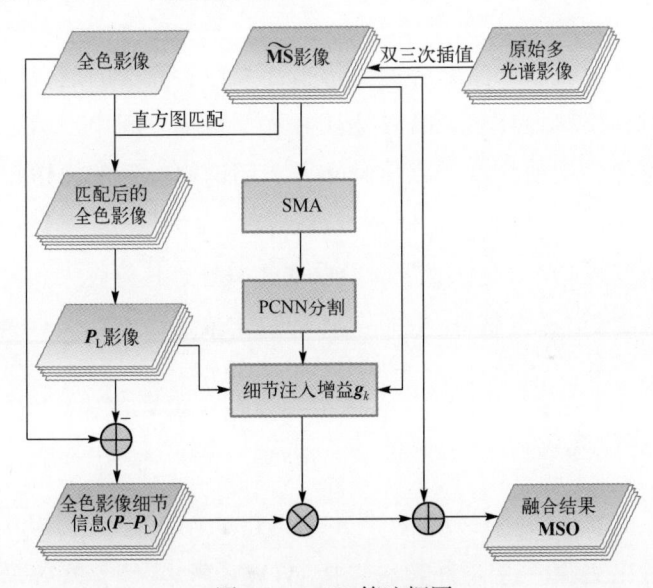

图 5.1 APPS 算法框图

5.3 实验结果

5.3.1 实验数据

为了验证本章算法的有效性，分别对 3 种高分辨率影像开展融合实验。

数据集 1 获取自 WorldView-2 传感器所采集的华盛顿影像。其中，全色影像的空间分辨率为 0.5m，尺寸为 2400×2400 像素。多光谱影像涵盖了蓝、绿、红和近红外 4 个光谱波段，其空间分辨率为 2m，尺寸为 600×600 像素。

数据集 2 获取自 IKONOS-2 传感器所采集的四川影像。其中，全色影像的空间分辨率为 1m，尺寸为 2048×2048 像素。多光谱影像涵盖了蓝、绿、红和近红外 4 个光谱波段，其空间分辨率为 4m，尺寸为 512×512 像素。

数据集 3 获取自 QuickBird 传感器所采集的美国博尔德影像。其中，全色影像的空间分辨率为 0.7m，尺寸为 2400×2400 像素。多光谱影像涵盖了蓝、绿、红和近红外 4 个光谱波段，其空间分辨率为 2.8m，尺寸为 600×600 像素。

5.3.2 评价指标

实验采用多种遥感影像融合的评价指标来检验算法的融合结果，主要包括 SAM、ERGAS 和 Q4 等。SAM 表示在光谱特征空间中，给定像素的参考影像和融合影像之间的角度，其值越小，表明两幅影像的光谱相似性越大。ERGAS 表示一种归一化的不相似性指数，范围为 $[0,+\infty)$，其值越小，表明两幅影像的相似度越高。Q4 表示两幅影像的相关性，其值越大，表明两幅影像的相关性越强，光谱保真越好。它们具体的数学描述分别如式(4.4)～式(4.6)所示。

5.3.3 对比实验

为了验证本章算法的有效性，将本章提出的 APPS 算法与其他经典的 8 种算法做了对比实验。这 8 种算法包括 ATWT 算法[123]、PCA 算法[124]、BT 算法[125]、IHS 算法[126]、AWLP 算法[127]、CBD 算法[128]、MOF 算法[129] 和 GS 算法[130]。

华盛顿影像融合结果如图 5.2 所示（见彩图）。其中，BT 算法与 IHS 算法融合结果的光谱失真较大，CBD 算法与 AWLP 算法的融合结果较为模糊，其他 5 种算法均获得了较好的融合结果。表 5.1 给出了华盛顿数据集的定量比较结果，可以看出，本章的 APPS 算法的融合结果最好。

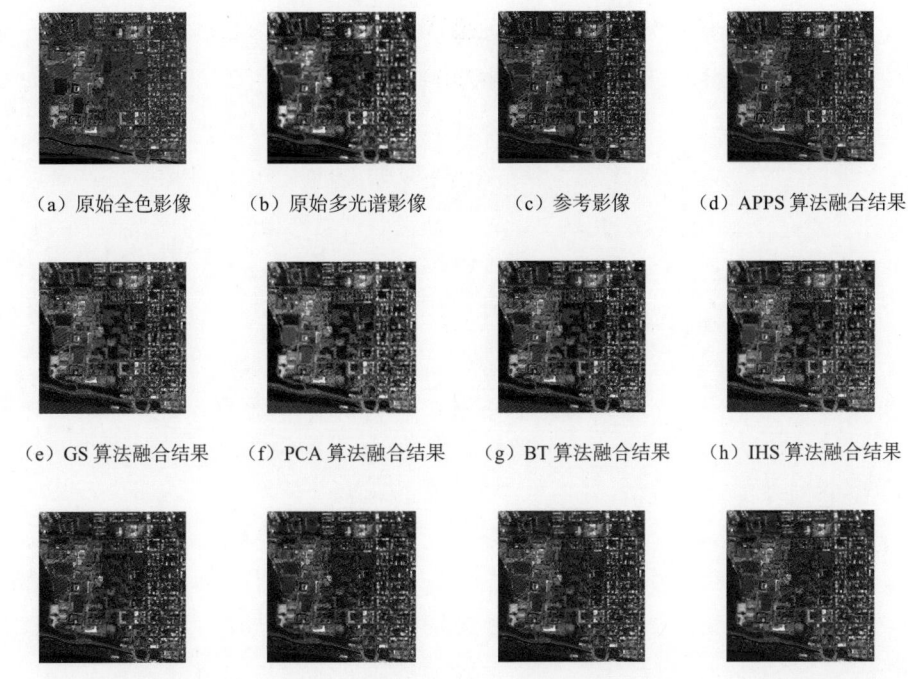

第 5 章　PCNN 参数优化与遥感影像全色锐化融合

（a）原始全色影像　（b）原始多光谱影像　（c）参考影像　（d）APPS 算法融合结果

（e）GS 算法融合结果　（f）PCA 算法融合结果　（g）BT 算法融合结果　（h）IHS 算法融合结果

（i）ATWT 算法融合结果　（j）AWLP 算法融合结果　（k）CBD 算法融合结果　（l）MOF 算法融合结果

图 5.2　华盛顿影像融合结果

表 5.1　华盛顿数据集的定量比较结果

指标	APPS	GS	PCA	BT	IHS	ATWT	AWLP	CBD	MOF
Q4	**0.8815**	0.7721	0.7209	0.7690	0.7729	0.8583	0.8583	0.8632	0.8619
SAM/°	**7.6398**	8.1776	9.7324	7.8689	8.3991	7.6920	7.6886	8.1899	7.7011
ERGAS	**4.8573**	6.4363	7.7479	6.6311	6.5689	5.3997	5.6024	5.3809	5.3416

四川影像融合结果如图 5.3 所示（见彩图）。其中，BT 算法与 IHS 算法融合结果的光谱失真较大，CBD 算法的融合结果在影像下方应该为白色的区域出现了黑色的纹理，AWLP 算法的融合结果较为模糊，其他 5 种算法均获得了较好的融合结果。表 5.2 给出了四川数据集的定量比较结果，可以看出，本章的 APPS 算法的融合结果最好。

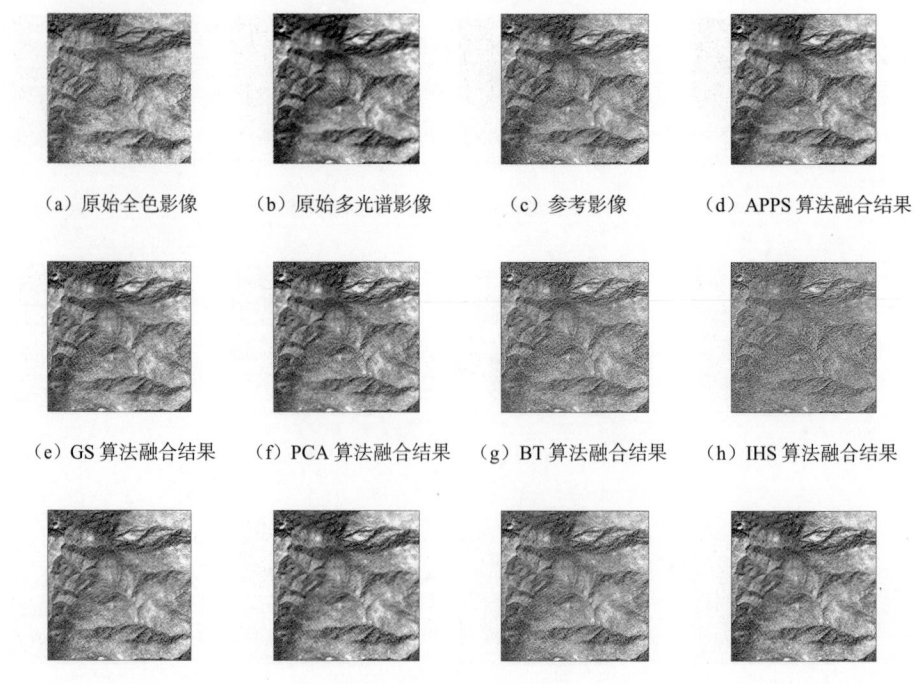

(a) 原始全色影像　(b) 原始多光谱影像　(c) 参考影像　(d) APPS 算法融合结果

(e) GS 算法融合结果　(f) PCA 算法融合结果　(g) BT 算法融合结果　(h) IHS 算法融合结果

(i) ATWT 算法融合结果　(j) AWLP 算法融合结果　(k) CBD 算法融合结果　(l) MOF 算法融合结果

图 5.3　四川影像融合结果

表 5.2　四川数据集的定量比较结果

指标	APPS	GS	PCA	BT	IHS	ATWT	AWLP	CBD	MOF
Q4	**0.8930**	0.8377	0.8390	0.7088	0.5654	0.8793	0.8729	0.8775	0.8823
SAM/°	**1.3847**	1.7769	1.7867	2.7356	4.2076	1.5493	3.0070	1.4576	1.5699
ERGAS	**1.1812**	1.4820	1.4846	1.8712	2.8265	1.2799	1.7589	1.3024	1.2937

博尔德影像融合结果如图 5.4 所示（见彩图）。其中，BT 算法与 IHS 算法融合结果的光谱失真较大。在影像下方的黑色房子处，GS 算法、PCA 算法、ATWT 算法、AWLP 算法和 MOF 算法都将其标记为蓝色，而 IHS 算法将其标记为暗黄色，只有本章的 APPS 算法与 CBD 算法的颜色标记正确。表 5.3 给出了博尔德数据集的定量比较结果，可以看出，本章的 APPS 算法在光谱保真与细节保持上均优于其他算法。

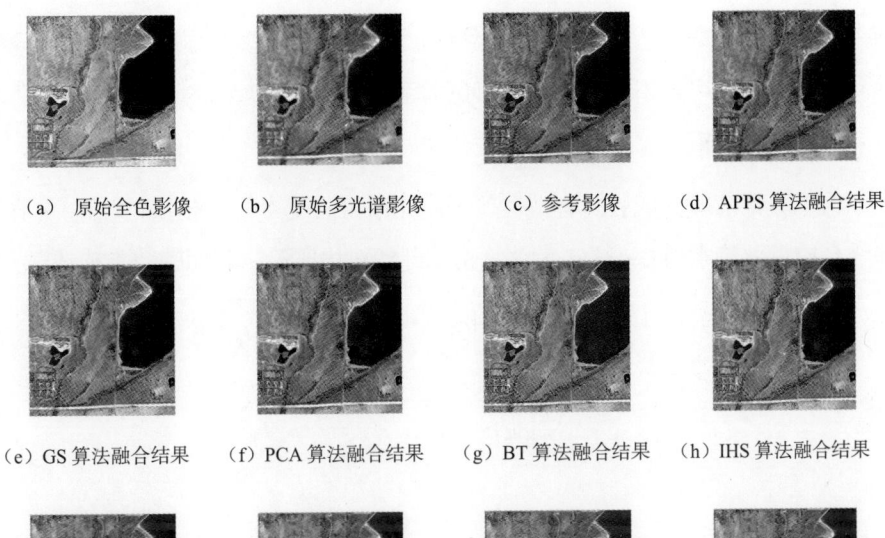

第 5 章　PCNN 参数优化与遥感影像全色锐化融合

（a）原始全色影像　　（b）原始多光谱影像　　（c）参考影像　　（d）APPS 算法融合结果

（e）GS 算法融合结果　（f）PCA 算法融合结果　（g）BT 算法融合结果　（h）IHS 算法融合结果

（i）ATWT 算法融合结果　（j）AWLP 算法融合结果　（k）CBD 算法融合结果　（l）MOF 算法融合结果

图 5.4　博尔德影像融合结果

表 5.3　博尔德数据集的定量比较结果

指标	APPS	GS	PCA	BT	IHS	ATWT	AWLP	CBD	MOF
Q4	**0.8818**	0.8137	0.8165	0.8036	0.7822	0.8801	0.8772	0.8663	0.8764
SAM/°	**0.9269**	1.3561	1.5416	1.0732	1.3412	1.0640	1.2313	1.0080	1.1796
ERGAS	**0.8593**	1.1552	1.0968	1.1191	1.2315	0.9708	1.0738	1.0799	1.0797

5.3.4　SAR 影像与多光谱影像的融合实验结果

本节利用 APPS 算法将 SAR 影像与多光谱影像融合。此外，APPS 算法还将地物的反射信息与散射信息相结合，以便获得信息更为丰富的融合产品，从而进一步促进多源遥感影像数据的应用与解译。

1. 实验数据

本节选取高分三号卫星和高分二号卫星在中国兰州市西固区获取的 SAR 影像与多光谱影像进行融合实验。SAR 影像包括一幅 C 波段雷达后向散射的 HH 极化影像和一幅 HV 极化影像。SAR 影像的空间分辨率为 5m。多光谱影像的空间分辨率为 3.6m。为了方便实验，SAR 影像与多光谱影像均被裁剪为 512×512 像素的标准大小。

2. 评价指标

为了验证 APPS 算法的有效性，采用光谱扭曲度 D_λ、空间细节信息失真度 D_s 和融合质量评价索引 QR 这 3 个评价指标开展对比实验。它们的数学描述[123]为

$$D_\lambda = \sqrt[p]{\frac{1}{N(N-1)}\sum_{i=1}^{N}\sum_{j=1,j\neq i}^{N}\left|Q(\boldsymbol{I}_i^{\mathrm{msk}},\boldsymbol{I}_j^{\mathrm{msk}})-Q(\boldsymbol{I}_i^{\mathrm{smsk}},\boldsymbol{I}_j^{\mathrm{smsk}})\right|^p} \quad (5.4)$$

$$D_s = \sqrt[q]{\frac{1}{N}\sum_{i=1}^{N}\left|Q(\boldsymbol{I}_i^{\mathrm{smsk}},\boldsymbol{P}^{\mathrm{ud}})-Q(\boldsymbol{I}_i^{\mathrm{msk}},\boldsymbol{P}^{\mathrm{Lud}})\right|^q} \quad (5.5)$$

$$\mathrm{QR} = (1-D_\lambda)^\alpha (1-D_s)^\beta \quad (5.6)$$

式中，i 和 j 表示影像的第 i 个和第 j 个波段；$\boldsymbol{I}_i^{\mathrm{msk}}$ 和 $\boldsymbol{I}_j^{\mathrm{msk}}$ 分别表示原始的第 i 个和第 j 个波段的多光谱影像；$\boldsymbol{I}_i^{\mathrm{smsk}}$ 和 $\boldsymbol{I}_j^{\mathrm{smsk}}$ 分别表示融合后的第 i 个和第 j 个波段的多光谱影像；$\boldsymbol{P}^{\mathrm{ud}}$ 和 $\boldsymbol{P}^{\mathrm{Lud}}$ 分别表示原始的全色影像和低分辨率的全色影像。

3. 对比实验

本章将 APPS 算法与其他经典的算法做了对比实验。这些经典的算法包括 GS 算法、PCA 算法、BT 算法、IHS 算法、ATWT 算法、AWLP 算法、CBD 算法和 MOF 算法。

西固影像融合结果如图 5.5 所示（见彩图）。其中，图 5.5（d）的 HH 融合结果与图 5.5（e）的 HV 融合结果都凸显了 SAR 影像散射的特点，丰富了地物对象的表面特征。表 5.4 给出了西固数据集的定量比较结果，可以看出，本章的 APPS 算法的各项评价指标均表现得最优。

(a) 原始 HH 极化影像　　(b) 原始 HV 极化影像　　(c) 原始多光谱影像

图 5.5　西固影像融合结果

(d) HH 融合结果 　　　　　(e) HV 融合结果

图 5.5　西固影像融合结果（续）

表 5.4　西固数据集的定量比较结果

指标	APPS	GS	PCA	BT	IHS	ATWT	AWLP	CBD	MOF
QR	**0.8486**	0.2533	0.2639	0.2885	0.2107	0.6685	0.6946	0.8005	0.6141
D_λ	**0.0159**	0.0697	0.0733	0.0401	0.1243	0.0673	0.0455	0.0327	0.0800
D_s	**0.1378**	0.7277	0.7153	0.6995	0.7594	0.2834	0.2723	0.1725	0.3325

5.4　本章小结

本章提出了一种 APPS 算法，该算法首先利用 SMA 优化 PCNN 模型的分割结果，寻找最优参数组合（$\alpha_F, \beta, \alpha_E$）。然后，利用 PCNN 模型分割的不规则区域自适应地计算细节注入增益。最后，按照多分辨率分析算法进行影像的锐化融合。通过本章开展的全色锐化融合、SAR 影像与多光谱影像融合的两组对比实验，可以看出，APPS 算法相较其他经典的算法，在空间细节保持和光谱保真方面表现得更好。

第6章　遥感影像全色锐化融合模型

通过前面几个章节的实验表明，标准 PCNN 模型在多光谱遥感影像融合中能够提升融合后影像的质量。然而，由于标准 PCNN 模型具有单一外部输入激励和缺乏细节注入机制等固有特点，导致不能将待融合的多源遥感影像直接作为模型的输入来进行融合操作。为此，本章提出了一种专门用于全色锐化融合的全色锐化 PCNN 模型，并尝试通过全色影像融合实验和 SAR 影像融合实验来验证其有效性。

6.1　研究背景

虽然标准 PCNN 模型在影像处理和模式识别领域已展现出卓越的能力，但在遥感影像全色锐化融合方面，仍缺乏针对性的改进模型。由于标准 PCNN 模型缺乏多源输入通道以及对细节注入和光谱保真的考虑，它不能直接应用于多源遥感影像的融合处理。为此，本章提出了一种可用于遥感影像融合的全色锐化 PCNN 模型。该模型能自适应地在每个迭代过程中将空间细节信息注入多光谱影像，且同时拥有两个外部的输入激励，从而保证其在融合应用中能够发挥更好的效果。

6.2　PPCNN 模型

6.2.1　模型表达

结合多光谱影像融合的应用，本章提出一种全色锐化 PCNN（Pansharpening PCNN，PPCNN）模型。与标准 PCNN 模型仅有一个外部输入激励相比，PPCNN

模型将外部输入激励增加为两个,同时保持了同步脉冲发放的特征。

PPCNN 模型与标准 PCNN 模型相比,至少有以下 3 个优点。

(1) PPCNN 模型具有 *I* 和 *P* 两个外部输入激励。

(2) PPCNN 模型中的每个神经元 *ij* 有各自对应的权重因子 β_{ij},而不是标准 PCNN 模型中统一的定值。

(3) PPCNN 模型具有更少的参数。

PPCNN 神经元结构如图 6.1 所示。

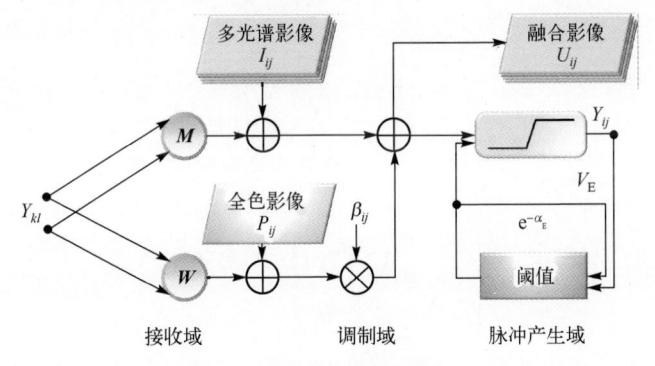

图 6.1 PPCNN 神经元结构

PPCNN 模型的数学描述为

$$F_{ij}[n] = V_F \sum_{kl} M_{ijkl} Y_{kl}[n-1] + I_{ij} \tag{6.1}$$

$$L_{ij}[n] = V_L \sum_{kl} W_{ijkl} Y_{kl}[n-1] + P_{ij} \tag{6.2}$$

$$U_{ij}[n] = F_{ij}[n-1] + \beta_{ij}[n-1] L_{ij}[n-1] \tag{6.3}$$

$$Y_{ij}[n] = \begin{cases} 1, & U_{ij}[n] > E_{ij}[n] \\ 0, & \text{其他} \end{cases} \tag{6.4}$$

$$E_{ij}[n+1] = e^{-\alpha_E} E_{ij}[n] + V_E Y_{ij}[n] \tag{6.5}$$

6.2.2 模型执行

在标准 PCNN 模型中,二值脉冲 Y 作为神经网络的最终输出。然而,在 PPCNN 模型中,由于该模型主要用来解决影像融合中的问题,因此取其内部活动项 U 作为融合结果。为方便后续对模型执行方式的说明,先定义以下符号。符号"×"表示一个常量和矩阵相乘。符号"·"表示两个矩阵对应位置的元素相乘。符号"⊗"表示两个矩阵的卷积。

不同于标准 PCNN 模型中统一不变的值,在 PPCNN 模型中,每个神经元 ij 都有各自对应的 β_{ij} 值。β_{ij} 的具体计算公式为

$$C_{ij}[n] = \begin{cases} \dfrac{\mathrm{Cov}(\boldsymbol{I},\boldsymbol{P})}{\mathrm{Cov}(\boldsymbol{P},\boldsymbol{P})}, & Y_{ij}[n]=1 \\ 0, & 其他 \end{cases} \quad (6.6)$$

$$\beta_{ij}[n] = \begin{cases} \dfrac{\mathrm{Std}(\boldsymbol{I})}{\mathrm{Std}(\boldsymbol{P})}, & C_{ij}[n]>0 \text{且} Y_{ij}[n]=1 \\ 0, & 其他 \end{cases} \quad (6.7)$$

式中,Cov 为协方差;Std 为标准差;$\boldsymbol{I}$ 为输入的多光谱影像;$\boldsymbol{P}$ 为全色影像。PPCNN 模型的多光谱影像和 β 影像如图 6.2 所示(见彩图)。

(a)多光谱影像　　　　　(b)β 影像

图 6.2　PPCNN 模型的多光谱影像和 β 影像

PPCNN 模型的执行主要分为以下 5 个步骤。

(1)初始化矩阵和参数。$Y[0]=F[0]=L[0]=\beta[0]=U[0]=0$,$E[0]=V_\mathrm{E}$。迭代的初始值 $n=1$。P_sd 为影像的空间细节。$\boldsymbol{I}$ 和 P_sd 均归一化到区间 [0,1]。

（2）计算 $F[n]=V_\text{F}\times(Y[n-1]\otimes M)+I$，$L[n]=V_\text{L}\times(Y[n-1]\otimes W)+P_\text{sd}$ 且 $U[n]=F[n-1]+\beta[n-1]\cdot L[n-1]$。

（3）如果 $U_{ij}[n]>E_{ij}[n]$，则 $Y_{ij}[n]=1$，否则 $Y_{ij}[n]=0$。

（4）更新阈值 $E[n+1]=\text{e}^{\alpha_\text{E}}\times E[n]+V_\text{E}\times Y[n]$。

（5）当所有神经元均被激发时，迭代过程停止。此时，将内部活动项作为最终的融合结果输出。否则，令 $n=n+1$ 继续迭代，并返回步骤（2）。

6.2.3 PPCNN 模型在遥感影像融合中的应用

为了更方便地设置参数的值，本章将输入的多光谱影像和全色影像均归一化到区间 [0,1]。设 MI_k 为输入的多光谱影像，PI 为输入的全色影像，I_k 和 PN 分别为 MI_k 和 PI 对应的归一化结果，它们的数学描述为

$$\varphi=\max(\max(\text{MI}_1),\cdots,\max(\text{MI}_K),\max(\text{PI})) \quad (6.8)$$

$$I_k=\text{MI}_k/\varphi,\quad k=1,\cdots,K \quad (6.9)$$

$$\text{PN}=\text{PI}/\varphi \quad (6.10)$$

式中，φ 为遥感影像所有像素中的最大值；K 为多光谱影像的总光谱波段数；k 为多光谱影像的第 k 个波段。

PPCNN 模型的全色锐化融合算法框图如图 6.3 所示，该算法的执行主要分为以下 8 个步骤。

（1）采用双三次插值算法将原始多光谱影像上采样到全色影像（高分辨率影像）尺度，得到 MI_k。

（2）根据式（6.9）和式（6.10）得到 I_k 和 PN。

（3）根据 I_k 各个光谱波段的影像像素值对 I_k 进行直方图匹配，得到匹配后的 k 个全色影像 PN_k。

（4）通过低通滤波，获得低分辨率版本的全色影像 PN_L，于是得到 $P_k=\text{PN}_k-\text{PN}_\text{L}$，$k=1,\cdots,K$。

（5）令 $k=1$。

（6）令 PPCNN 模型中的两个外部输入激励分别为 I_k 和 P_k，更新 PPCNN 模型中的内部活动项 U_k。

（7）如果 $k < K$，令 $k = k+1$ 并返回步骤（6），否则结束迭代。

（8）通过逆归一化操作，获得最终的融合结果 $R_k = \varphi \times Y_k$。

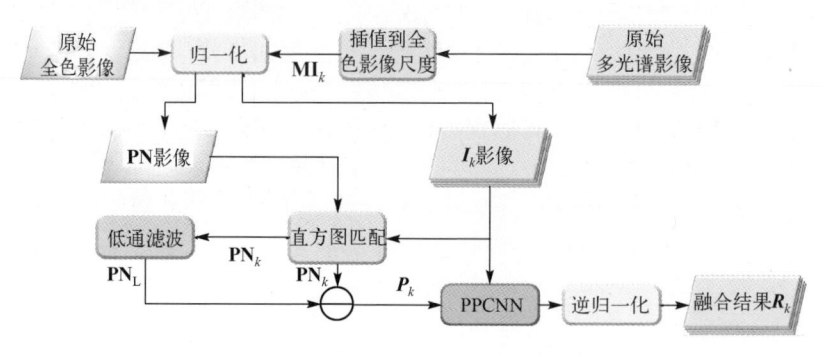

图 6.3　PPCNN 模型的全色锐化融合算法框图

6.3　全色锐化融合实验结果

6.3.1　实验数据集

本节主要对 PPCNN 模型在多光谱影像融合中的结果进行评价。由于高分辨率影像融合相较低分辨率影像融合的难度更高，因此本节选择高分辨率影像作为实验的数据集。本节准备了 4 个光学遥感传感器拍摄的 5 幅不同地貌特征的高分辨率影像。

数据集 1 获取自 WorldView-2 传感器所采集的华盛顿影像，主要由建筑物、森林和河流组成。数据集 2 获取自 IKONOS-2 传感器所采集的四川影像。数据集 3 获取自 QuickBird 传感器所采集的美国博尔德影像。数据集 4 获取自高分二号传感器（GF2）所采集的兰州市边缘城区影像，主要由大山、黄河和建筑物组成。数据集 5 同样获取自高分二号传感器（GF2）所采集的新疆某大坝区域的影像。实验数据集及其参数分别如图 6.4（见彩图）和表 6.1 所示。

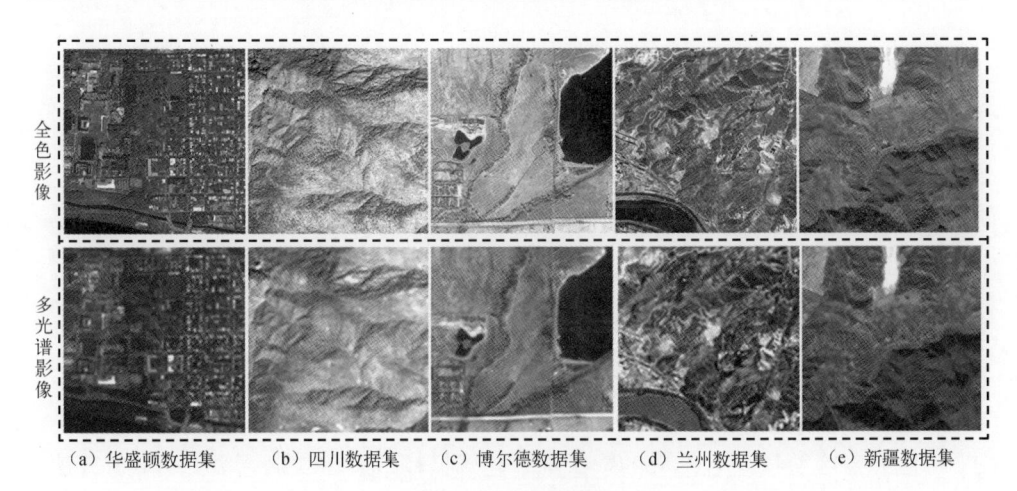

（a）华盛顿数据集　　（b）四川数据集　　（c）博尔德数据集　　（d）兰州数据集　　（e）新疆数据集

图 6.4　实验数据集

表 6.1　实验数据集的参数

数据集	传感器	影像大小/像素	空间分辨率/m
华盛顿数据集	WorldView-2	全色影像：2048×2048 多光谱影像：512×512	0.5；2
四川数据集	IKONOS-2	全色影像：2048×2048 多光谱影像：512×512	1；4
博尔德数据集	QuickBird	全色影像：2048×2048 多光谱影像：512×512	0.7；2.8
兰州数据集	GF2	全色影像：2048×2048 多光谱影像：512×512	0.81；3.24
新疆数据集	GF2	全色影像：2048×2048 多光谱影像：512×512	0.81；3.24

6.3.2　参数设置

根据栅格影像坐标间的欧氏距离，将连接权重 M 和 W 设置为[0.707, 1, 0.707; 1, 0, 1; 0.707, 1, 0.707]。初始的迭代次数 $n=1$，其他的 PPCNN 参数设置如表 6.2 所示。

表 6.2　其他的 PPCNN 参数设置

参数	α_E	V_F	V_L	V_E
取值	0.6	0.03	0.03	2

6.3.3 对比实验

为了验证本章算法的有效性，本章将提出的 PPCNN 算法与其他经典的 8 种算法做了对比实验。这 8 种算法包括 ATWT 算法[123]、PCA 算法[124]、BT 算法[125]、IHS 算法[126]、AWLP 算法[127]、CBD 算法[128]、MOF 算法[129] 和 GS 算法[130]。本章选取了 Q4、SAM、ERGAS 和空间相关性（Spatial Correlation Coefficient, SCC）[132] 共 4 个指标从光谱和空间细节两个方面综合评估融合影像的质量。

华盛顿影像融合结果如图 6.5 所示（见彩图）。其中，GS 算法、PCA 算法、BT 算法和 IHS 算法融合结果的影像细节轮廓模糊，而 PPCNN 算法、ATWT 算法、AWLP 算法、CBD 算法和 MOF 算法的融合结果在空间细节和光谱一致性上表现较好。表 6.3 给出了华盛顿数据集的定量比较结果，其中，所有算法的最优结果采用粗体突出显示。由表 6.3 可见，与其他算法相比，PPCNN 算法展现出更少的光谱失真和更好的细节保持能力。

(a) 原始全色影像　(b) 原始多光谱影像　(c) 参考影像　(d) PPCNN 算法融合结果

(e) GS 算法融合结果　(f) PCA 算法融合结果　(g) BT 算法融合结果　(h) IHS 算法融合结果

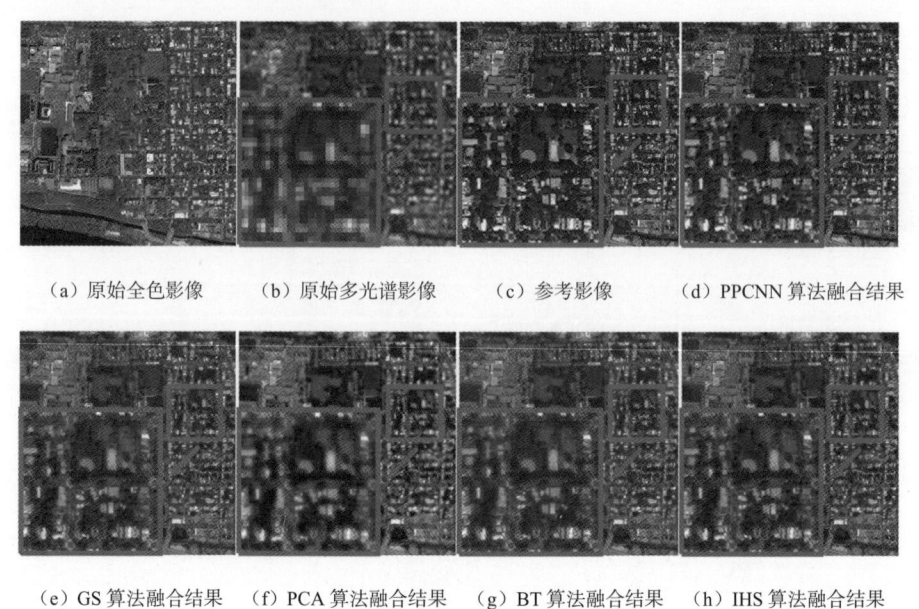

图 6.5 华盛顿影像融合结果

第 6 章 遥感影像全色锐化融合模型

（i）ATWT 算法融合结果　（j）AWLP 算法融合结果　（k）CBD 算法融合结果　（l）MOF 算法融合结果

图 6.5　华盛顿影像融合结果（续）

表 6.3　华盛顿数据集的定量比较结果

指标	PPCNN	GS	PCA	BT	IHS	ATWT	AWLP	CBD	MOF
Q4	**0.8815**	0.7822	0.7438	0.7764	0.7841	0.8626	0.8600	0.8696	0.8651
SAM/°	**7.9149**	8.4126	9.6313	8.1936	8.6529	7.9265	7.9247	8.5065	7.9248
ERGAS	**5.0479**	6.5617	7.5797	6.7480	6.6710	5.5633	5.7873	5.4875	5.4889
SCC	**0.8379**	0.8349	0.7933	0.8372	0.8175	0.8317	0.8187	0.7812	0.8309

四川影像融合结果如图 6.6 所示（见彩图）。其中，BT 算法与 IHS 算法融合结果的光谱失真较大，CBD 算法的融合结果在影像下方应该为白色的区域出现了黑色的纹理，AWLP 算法的融合结果稍有模糊，其他 5 种算法均获得了较好的融合结果。表 6.4 给出了四川数据集的定量比较结果，可以看出，PPCNN 算法的融合结果最好。

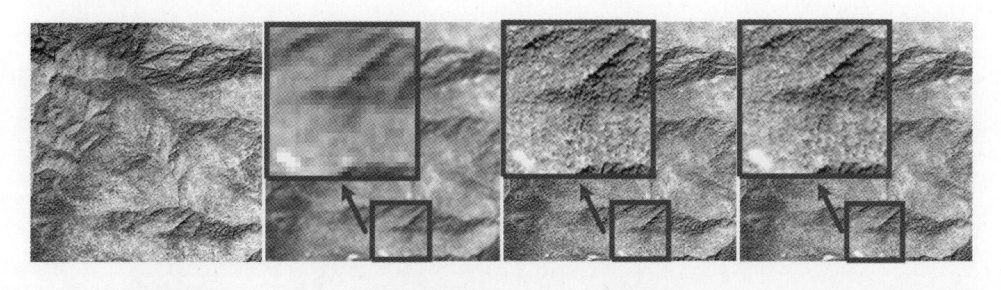

（a）原始全色影像　　　（b）原始多光谱影像　　　（c）参考影像　　　（d）PPCNN 算法融合结果

图 6.6　四川影像融合结果

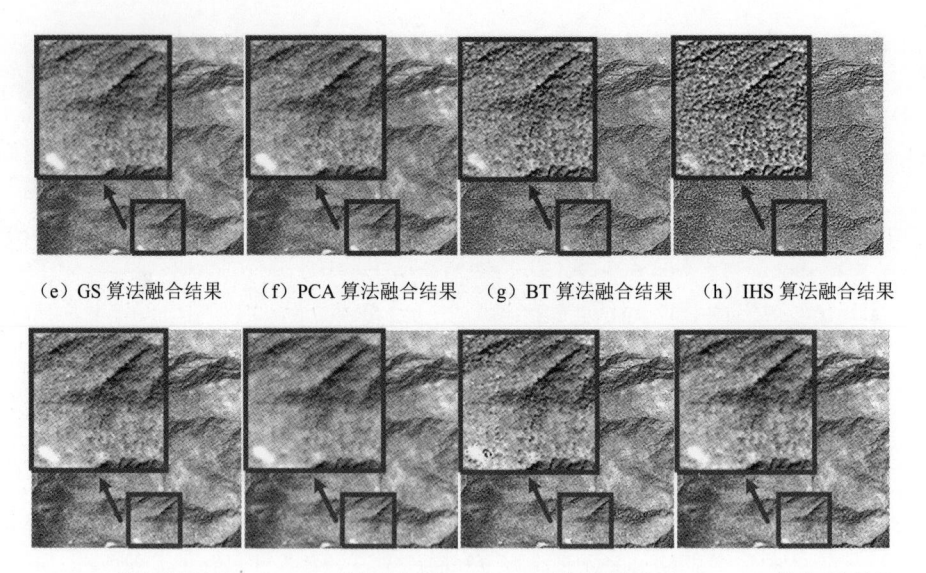

(e) GS 算法融合结果　　(f) PCA 算法融合结果　　(g) BT 算法融合结果　　(h) IHS 算法融合结果

(i) ATWT 算法融合结果　(j) AWLP 算法融合结果　(k) CBD 算法融合结果　(l) MOF 算法融合结果

图 6.6　四川影像融合结果（续）

表 6.4　四川数据集的定量比较结果

指标	PPCNN	GS	PCA	BT	IHS	ATWT	AWLP	CBD	MOF
Q4	**0.8928**	0.8354	0.8368	0.7086	0.5658	0.8772	0.8714	0.8762	0.8810
SAM/°	**1.3950**	1.7843	1.7942	2.7454	4.2208	1.5599	2.9800	1.4627	1.5765
ERGAS	**1.1860**	1.4884	1.4911	1.8771	2.8338	1.2873	1.7519	1.3027	1.2960
SCC	**0.9553**	0.9525	0.9520	0.9085	0.7201	0.9509	0.9343	0.9515	0.9476

博尔德影像融合结果如图 6.7 所示（见彩图）。其中，在农田、森林和白色屋顶区域，BT 算法和 IHS 算法均出现了光谱失真。相比之下，CBD 算法的整体表现较好，但在白色屋顶区域仍然出现了伪彩色成分。表 6.5 给出了博尔德数据集的定量比较结果，可以看出，PPCNN 算法在光谱保真与细节保持上均优于其他算法。

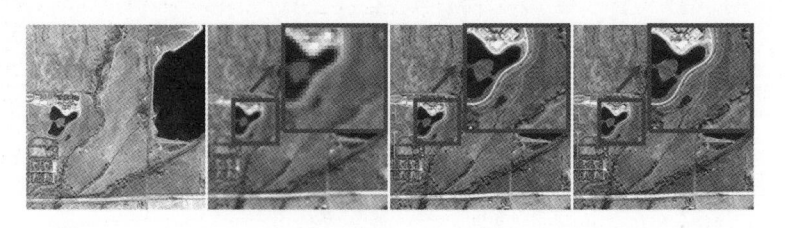

(a) 原始全色影像　　(b) 原始多光谱影像　　(c) 参考影像　　(d) PPCNN 算法融合结果

图 6.7　博尔德影像融合结果

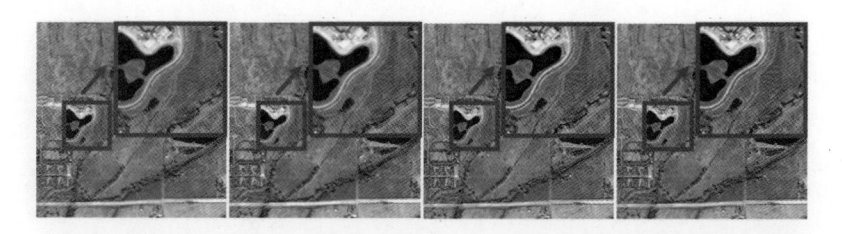

第6章 遥感影像全色锐化融合模型

（e）GS算法融合结果　（f）PCA算法融合结果　（g）BT算法融合结果　（h）IHS算法融合结果

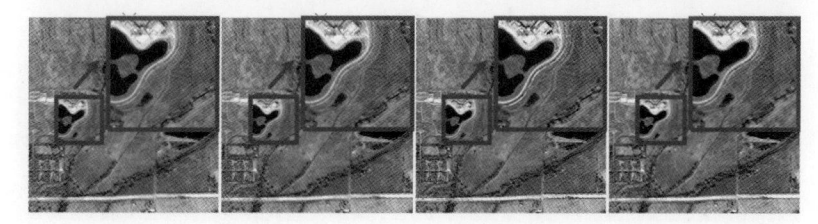

（i）ATWT算法融合结果　（j）AWLP算法融合结果　（k）CBD算法融合结果　（l）MOF算法融合结果

图 6.7　博尔德影像融合结果（续）

表 6.5　博尔德数据集的定量比较结果

指标	PPCNN	GS	PCA	BT	IHS	ATWT	AWLP	CBD	MOF
Q4	**0.9082**	0.8511	0.8513	0.8291	0.8084	0.9057	0.9050	0.8972	0.9026
SAM/°	**1.0151**	1.3354	1.5113	1.1640	1.4448	1.0470	1.2062	1.0305	1.1257
ERGAS	**0.8935**	1.0992	1.0346	1.1104	1.2317	0.8957	0.9731	1.0052	0.9763
SCC	**0.9504**	0.9411	0.9411	0.9467	0.9328	0.9432	0.9346	0.9369	0.9465

兰州影像融合结果如图 6.8 所示（见彩图）。其中，GS 算法、PCA 算法、BT 算法和 IHS 算法融合结果中的黄河区域均发生了较大的光谱失真。CBD 算法融合结果中丢失了部分小岛区域，同时河岸边的树林带区域也比较模糊。表 6.6 给出了兰州数据集的定量比较结果，可以看出，PPCNN 算法在高分辨率影像融合实验中的表现最好。

（a）原始全色影像　（b）原始多光谱影像　（c）参考影像　（d）PPCNN算法融合结果

图 6.8　兰州影像融合结果

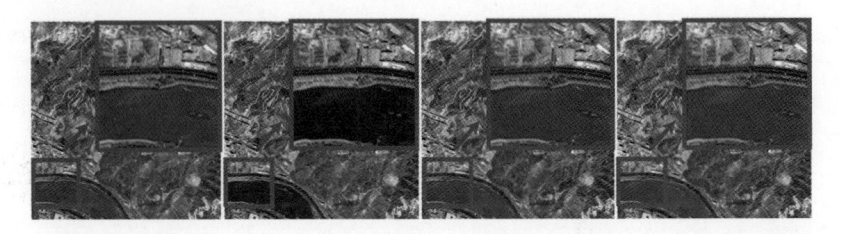

(e) GS 算法融合结果　(f) PCA 算法融合结果　(g) BT 算法融合结果　(h) IHS 算法融合结果

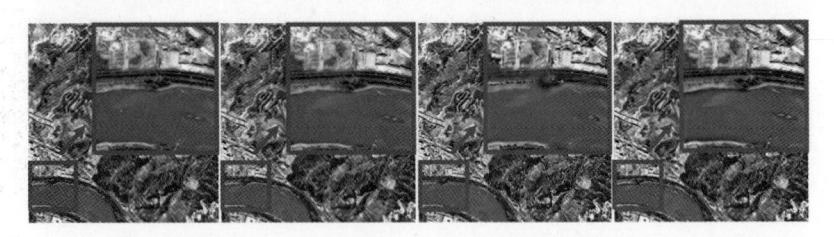

(i) ATWT 算法融合结果　(j) AWLP 算法融合结果　(k) CBD 算法融合结果　(l) MOF 算法融合结果

图 6.8　兰州影像融合结果（续）

表 6.6　兰州数据集的定量比较结果

指标	PPCNN	GS	PCA	BT	IHS	ATWT	AWLP	CBD	MOF
Q4	**0.9112**	0.8230	0.7763	0.8126	0.8097	0.8980	0.8961	0.7957	0.8835
SAM/°	**1.4142**	1.7992	2.3502	1.4307	1.6756	1.4545	1.4480	2.2117	1.4583
ERGAS	**1.6600**	2.2794	2.8436	2.2208	2.2514	1.7911	1.7683	3.2100	1.9758
SCC	**0.8941**	0.8713	0.8516	0.8717	0.8777	0.8844	0.8771	0.8021	0.8829

新疆影像融合结果如图 6.9 所示（见彩图）。由于新疆数据集中的小纹理细节较少，因此所有算法的视觉质量均呈现出不错的表现。表 6.7 给出了新疆数据集的定量比较结果，可以看出，PPCNN 算法在高分辨率影像融合实验中的表现最好。

(a) 原始全色影像　(b) 原始多光谱影像　(c) 参考影像　(d) PPCNN 算法融合结果

图 6.9　新疆影像融合结果

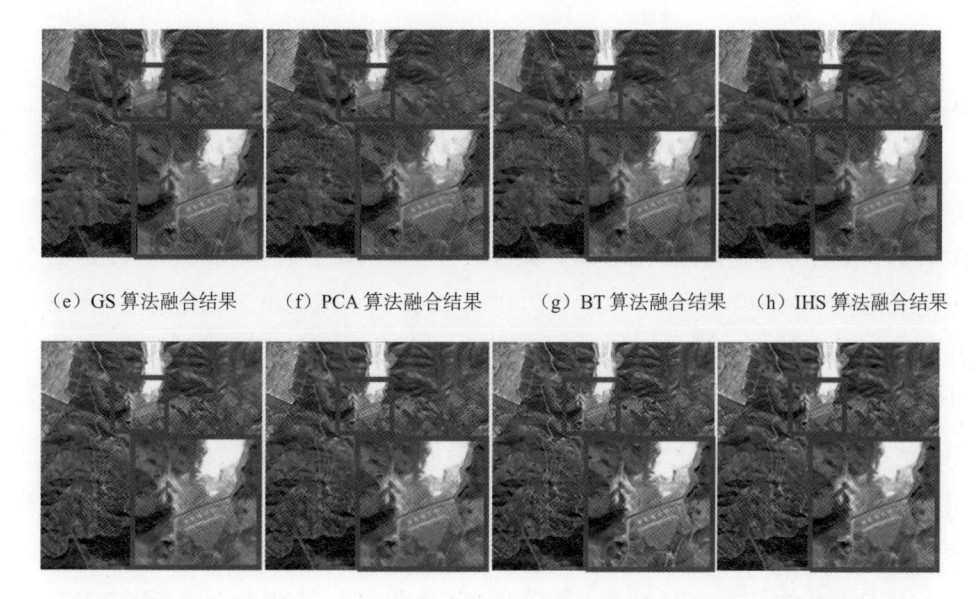

（e）GS 算法融合结果　　（f）PCA 算法融合结果　　（g）BT 算法融合结果　　（h）IHS 算法融合结果

（i）ATWT 算法融合结果　（j）AWLP 算法融合结果　（k）CBD 算法融合结果　（l）MOF 算法融合结果

图 6.9　新疆影像融合结果（续）

表 6.7　新疆数据集的定量比较结果

指标	PPCNN	GS	PCA	BT	IHS	ATWT	AWLP	CBD	MOF
Q4	**0.9179**	0.8650	0.8479	0.8514	0.8621	0.8956	0.8836	0.8479	0.8802
SAM/°	**1.0378**	1.2560	1.3230	1.0468	1.0672	1.1253	1.1277	1.5497	1.1718
ERGAS	**1.2628**	1.6340	1.7619	1.5944	1.6054	1.3765	1.3733	2.0711	1.5450
SCC	**0.9137**	0.8814	0.8778	0.8820	0.8918	0.8904	0.8830	0.8444	0.8896

通过对 4 个不同的光学遥感传感器拍摄的 5 幅不同地貌特征的高分辨率影像数据集进行对比实验，本章得出以下结论：BT 算法和 IHS 算法的融合结果中存在更多的光谱失真。GS 算法和 PCA 算法在某些情况下的光谱保真效果欠佳。BT 算法、IHS 算法、GS 算法、PCA 算法和 AWLP 算法融合结果中的部分细节轮廓模糊。此外，CBD 算法融合结果的整体表现较好，但仍存在细节丢失和光谱失真。总体来说，PPCNN 算法、ATWT 算法和 MOF 算法获得了较好的视觉融合结果。本章提出的 PPCNN 算法无论是在定性的视觉感知上，还是在定量的指标评价上，均为所有算法中表现得最好的。

6.4 雷达影像与光学影像实验

本章仍然尝试利用提出的 PPCNN 模型将 SAR 影像和多光谱影像进行融合。SAR 为合成孔径主动雷达成像系统，能够获得地物的散射信息。将主动雷达影像与被动成像的光学影像相结合，人们可以获得具有散射信息和光学信息的融合影像，从而有望获得信息更为丰富的数据产品，进一步提升对地物判读和识别的准确性。

为了评价 PPCNN 模型在 SAR 影像和多光谱影像上的多源遥感影像融合结果，本章准备了含有 SAR 影像和光学影像的西固数据集。西固数据集包含高分三号卫星拍摄的一幅 C 波段雷达后向散射的 HH 极化散射影像、一幅 HV 极化散射影像和一幅高分二号卫星拍摄的多光谱影像。多光谱影像的空间分辨率为 3.6m，SAR 影像的空间分辨率为 5m。为便于进行实验，SAR 影像和多光谱影像均被裁剪为 512×512 像素的标准大小。西固数据集如图 6.10 所示（见彩图）。

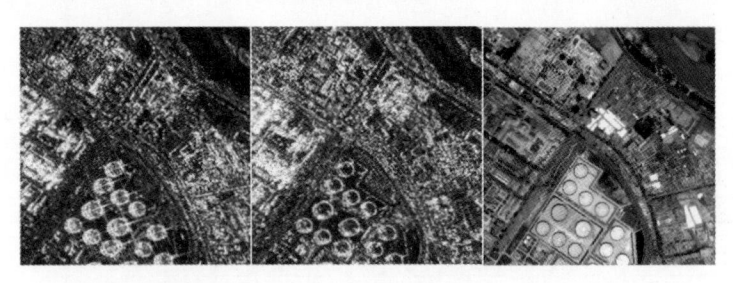

(a) HH 极化散射影像　　(b) HV 极化散射影像　　(c) 多光谱影像

图 6.10　西固数据集

西固影像融合结果如图 6.11 所示（见彩图）。图 6.11（a）为原始多光谱影像。观察图 6.11（b）可以发现，石油储罐在具有多光谱信息的同时，其形状还被 HH 雷达散射信息所增强。由于 HV 雷达散射信息对物体表面的粗糙信息更为敏感，因此图 6.11（c）中石油储罐的轮廓信息得到了显著增强，而储罐顶表面的光谱信息则基本保持不变。此外，图 6.11（c）中更加粗糙的森林区域融合到的散射信息比较丰富，可以作为其他分类应用的标志性信息。这是由于相同极化对目标的形状和建筑物的拐角更为敏感，而交叉极化对具有不同粗糙度或不同植被的边界更为敏感。因此，将雷达的散射信息融合到多光谱影像中，这有益于突出和丰富地物对象的表面特征，从而对其进行进一步的解译和分类。西固数据集的定量比较结果如表 6.8 所示，展现了 SAR 影像和多光谱影像融合的定量分析结果。由表 6.8 可见，PPCNN 算法在使融合结果获得更多雷达散射信息的同时，又能够较好地保留影像的光谱信息。

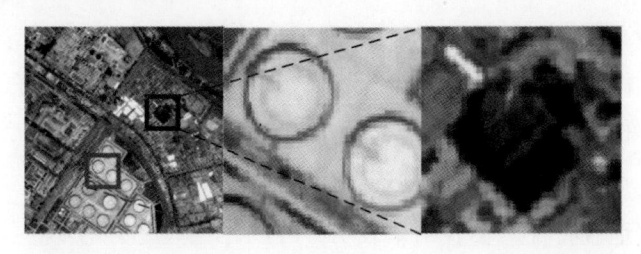

(a) 原始多光谱影像

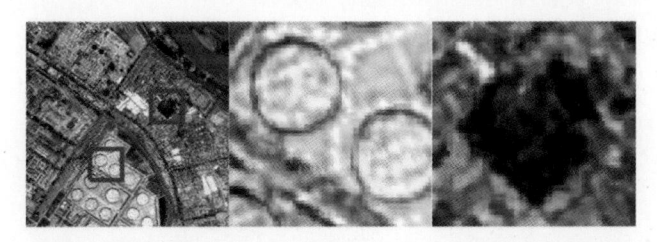

(b) HH 融合结果

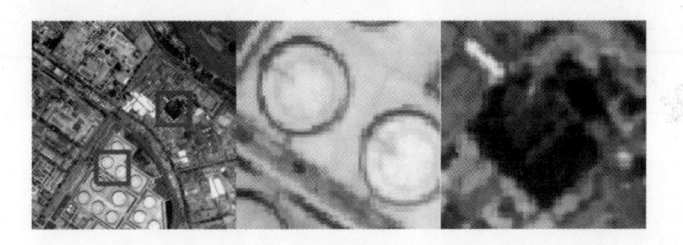

(c) HV 融合结果

图 6.11　西固影像融合结果

表 6.8　西固数据集的定量比较结果

指标	PPCNN	GS	PCA	BT	IHS	ATWT	AWLP	CBD	MOF
QR	**0.9925**	0.8438	0.8366	0.8469	0.8133	0.8896	0.9072	0.9331	0.8645
D_λ	**0.0016**	0.0545	0.0637	0.0548	0.0900	0.0669	0.0511	0.0405	0.0862
D_s	**0.0057**	0.1074	0.1063	0.1038	0.1061	0.0466	0.0438	0.0273	0.0537

6.5 本章小结

本章提出了一种 PPCNN 模型,并将其应用于全色影像融合和 SAR 影像融合。与标准 PCNN 模型相比,PPCNN 模型有两个外部的输入激励,这将保证其能更好地应用于影像融合处理中。此外,为了使 PPCNN 模型具有较好的光谱保真能力,设置其内部活动项具有细节注入的功能。为了评价 PPCNN 模型的融合结果,本章设计了几个不同的数据集,这些数据集包含了城市、山区、河流等复杂地形交织的不同地貌特征。实验结果表明,PPCNN 模型能够实现更好的细节特征注入,并有效保持光谱信息。此外,在融合雷达影像和光学影像这两种差异较大的多源影像时,PPCNN 模型依然能够表现出较好的效果。

第 7 章 基于 PCNN 的卫星多光谱影像与无人机航拍影像融合

无人机航拍影像的空间分辨率高，纹理信息丰富，但光谱信息匮乏，不利于遥感信息解译[133]。因此，本章提出了一种基于 PCNN 的卫星多光谱影像与无人机航拍影像融合算法。

7.1 研究背景

无人机技术的快速发展，使获取无人机的遥感影像变得更加方便和快捷。无人机航拍简便快捷、空域要求低、时效性好，在工业和军事领域均得到了广泛应用[134]。由于无人机一般在云层以下飞行，因此其遥感影像的空间分辨率更高，受遮挡的影响更小。但小型无人机会受载重的限制，一般获取的航拍影像缺乏多光谱信息，这影响了后续人们对遥感影像光谱的分析与解译。为此，需要采用多光谱影像的融合技术，提高无人机航拍影像的光谱分辨率。

多分辨率分析算法是解决多光谱影像融合问题的一种有效手段，获得了大量学者的关注。多分辨率分析算法主要通过多分辨率分解和提取高分辨率影像的空间纹理信息，并将其注入低分辨率的多光谱影像中，获取兼有空间分辨率和光谱分辨率的融合影像。然而，由于卫星多光谱影像与无人机航拍影像空间分辨率的尺度差异较大，因此传统的锐化融合算法难以对它们进行有效的融合。

为此，本章提出了一种基于 PCNN 的卫星多光谱影像与无人机航拍影像融合算法。该算法通过二次融合方案逐级提高多光谱影像的分辨率，实验结果表明，该算法在较好地保持无人机航拍影像亚米级分辨率的同时，获得了多光谱影像的光谱信息。

7.2 卫星多光谱影像与无人机航拍影像融合算法

本章提出的卫星多光谱影像与无人机航拍影像融合算法的框图如图7.1 所示。

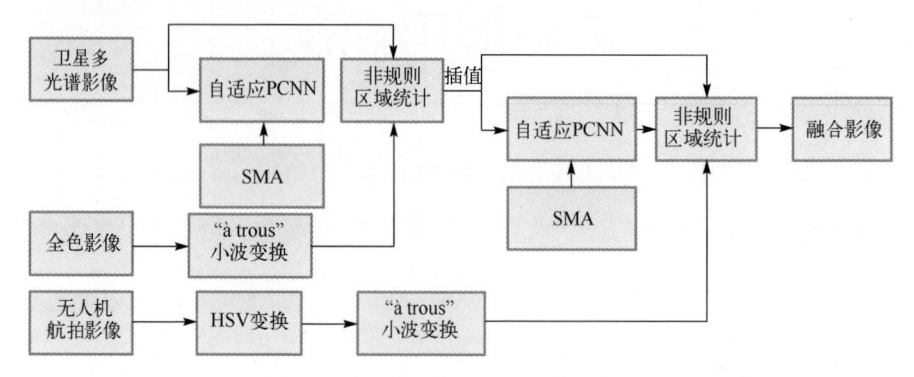

图 7.1 卫星多光谱影像与无人机航拍影像融合算法的框图

该算法的执行可以分为以下 7 个步骤。

（1）对卫星多光谱影像采用双三次插值到全色分辨率，得到全色影像尺度的多光谱影像 I_{msk}。

（2）对全色影像执行 "à trous" 小波变换，提取全色影像的细节 P_{sd}[123]。

（3）使用 SMA 对 PCNN 参数中的 α_F、β 和 α_E 进行参数优化。

（4）对卫星多光谱影像执行自适应 PCNN，将其分割为非规则区域，并进行统计特征的计算，可以通过式（7.1）计算增益权重 G_{k1}。

（5）对全色分辨率的卫星多光谱影像继续进行自适应 PCNN 处理，获得 Y 矩阵，并利用式（7.1）计算增益权重 G_{k2}。

（6）对无人机航拍影像执行 HSV 变换，对其中的明度分量执行 "à trous" 小波变换，提取航拍影像细节 P_{ud}。

（7）根据式（7.2），计算获得具有无人机航拍影像亚米级分辨率的多光谱影像 I_{smsk}，k 为多光谱影像的第 k 个波段，K 为多光谱影像的总光谱波段数。

$$G_k[n] = \begin{cases} \dfrac{\text{Cov}(I_{\text{lr}}(i,j), I_{\text{hr}}(i,j))}{\text{Cov}(I_{\text{hr}}(i,j), I_{\text{hr}}(i,j))}, & Y_{ij}[n] = 1 \\ 0, & \text{其他} \end{cases} \quad (7.1)$$

$$I_{\mathrm{smsk}} = I_{\mathrm{msk}} + G_{k1} \times P_{\mathrm{sd}} + G_{k2} \times P_{\mathrm{ud}}, \ k=1,\cdots,K \tag{7.2}$$

7.3 实验结果

7.3.1 实验数据集

本章的实验选用两组数据集，原始遥感影像数据如图 7.2 所示。第 1 组数据集如图 7.2（a）所示，无人机航拍影像是课题组采用图 7.3 所示的航拍无人机（见彩图）获取的空间分辨率为 0.2m 的兰州交通大学八教广场的影像。兰州交通大学八教广场的全色影像和多光谱影像分别如图 7.2（b）和图 7.2（c）所示。全色影像和多光谱影像为相同地理位置高分二号卫星的影像。全色影像的空间分辨率为 0.875m。空间分辨率为 3.5m 的多光谱影像具有蓝、绿、红和近红外共 4 个波段。第 2 组数据集如图 7.2（d）所示，无人机航拍影像是课题组采用图 7.3 所示的航拍无人机（见彩图）获取的空间分辨率为 0.10746m 的新疆影像。新疆的全色影像和多光谱影像分别如图 7.2（e）和图 7.2（f）所示。全色影像和多光谱影像同样为相同地理位置高分二号卫星的影像。全色影像的空间分辨率为 0.81m。空间分辨率为 3.24m 的多光谱影像具有蓝、绿和红共 3 个波段。

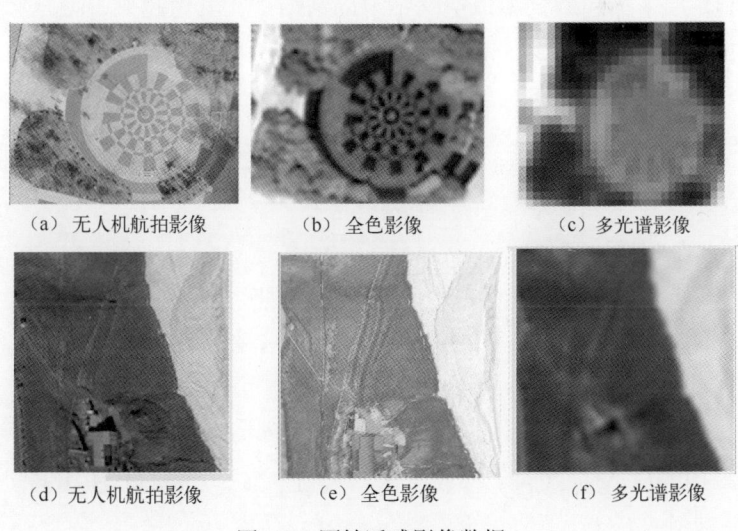

(a) 无人机航拍影像　　(b) 全色影像　　(c) 多光谱影像

(d) 无人机航拍影像　　(e) 全色影像　　(f) 多光谱影像

图 7.2　原始遥感影像数据

图 7.3　航拍无人机

7.3.2　PCNN 参数优化

为了得到合理的 PCNN 分割的不规则区域，使后续的融合结果更稳定，本章利用 SMA 优化 PCNN 模型的分割结果，寻找最优的 PCNN 参数组合（α_F，β，α_E）。SMA 是根据黏菌个体的觅食行为提出的一种黏菌算法。SMA 的数学描述如式（3.1）～式（3.4）所示。

本章的适应度函数设计为峰值信噪比（Peak Signal to Noise Ratio, PSNR）与影像清晰度（Figure Definition, FD）之和。PSNR 是衡量融合影像失真程度的客观指标。FD 用来描述融合影像空间细节的清晰度，其值越大，融合影像的细节保持得越好。PSNR、FD 与本章适应度函数的数学描述为

$$\text{PSNR}_k = 10 \times \lg\left(\frac{(\max(k))^2}{\sum_{i=1}^{m}\sum_{j=1}^{n}(\boldsymbol{R}_k(i,j) - \boldsymbol{F}_k(i,j))^2}\right) \tag{7.3}$$

$$\text{FD}_k = \frac{\sum_{i=1}^{m}\sum_{j=1}^{n}\sqrt{(\boldsymbol{F}(i,j) - \boldsymbol{F}(i,j+1))^2 + (\boldsymbol{F}(i,j) - \boldsymbol{F}(i+1,j))^2}}{2mn} \tag{7.4}$$

$$f_k = \text{PSNR}_k + \text{FD}_k \tag{7.5}$$

本章采用的自适应 PCNN 参数优化算法与本书 5.2 节的算法相同，这里不再赘述。

第 7 章　基于 PCNN 的卫星多光谱影像与无人机航拍影像融合

7.3.3　融合质量评价指标

实验选取了 QR 指标和 SAM 指标对本章的算法进行客观评价。如式（5.6）所示，QR 指标是由 D_S 和 D_λ 共同组成的，其值越高，融合的结果就越好，最优值为 1。其中，D_λ 表示影像的光谱扭曲度，其值越小，光谱失真就越小，最优值为 0。D_S 表示影像的空间细节信息失真度，其值越小，两者之间的纹理细节就越相似，融合结果就越好。如式（4.4）所示，SAM 通过计算融合影像与多光谱影像的差异角来表现光谱的失真程度，其值越小，融合结果就越好。

7.3.4　对比实验

为了评价本章算法的有效性，将本章算法与 MOF 算法、ATWT 算法、GS 算法、IHS 算法、PCA 算法开展对比实验。为了保持对比实验的公平性，所有对比算法均加入与本章算法相同的二次融合框架。

兰州数据集的对比结果如图 7.4 所示（见彩图）。其中，图 7.4（a）为本章算法的融合结果，图 7.4（b）～图 7.4（f）分别为对比算法的融合结果。从主观的观察结果中发现，相比图 7.2 中的原始遥感影像数据，本章算法、MOF 算法和 ATWT 算法的光谱保真较好，纹理细节也获得了较大提升。然而，GS 算法、IHS 算法和 PCA 算法虽然在纹理细节上得到了较好提升，但它们的光谱信息均发生了较大的扭曲，特别是影像中的大理石地面和广场均出现了不同程度的其他波段的光谱成分，树林的光谱也出现了较大的失真。

（a）本章算法　　　　（b）MOF 算法　　　　（c）ATWT 算法

图 7.4　兰州数据集的对比结果

(d) GS 算法　　　　　(e) IHS 算法　　　　　(f) PCA 算法

图 7.4　兰州数据集的对比结果（续）

兰州数据集的定量比较结果如表 7.1 所示，可以看出，本章算法的融合结果在传统评价指标上均优于其他算法。

表 7.1　兰州数据集的定量比较结果

指标	本章算法	MOF	ATWT	GS	IHS	PCA
QR	**0.6035**	0.4837	0.4464	0.4426	0.4163	0.5114
SAM/°	**0.5228**	0.7545	0.5787	4.3415	1.8985	6.8151

新疆数据集的对比结果如图 7.5 所示（见彩图）。其中，图 7.5（a）为本章算法的融合结果，图 7.5（b）~图 7.5（f）分别为对比算法的融合结果。从主观的观察结果中发现，相比图 7.2 中的原始遥感影像数据，本章算法、GS 算法、IHS 算法和 PCA 算法的纹理细节较丰富，但 GS 算法、IHS 算法和 PCA 算法的光谱信息均发生了较大的扭曲，在影像左下部分的房屋区域出现不同程度的其他波段的光谱成分。MOF 算法存在明显的光谱失真。ATWT 算法的光谱保真较好，但其空间细节模糊。

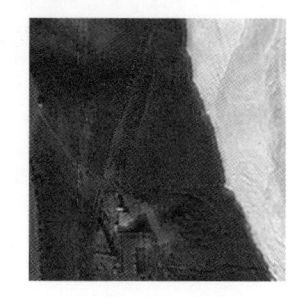

（a）本章算法　　　　　（b）MOF 算法　　　　　（c）ATWT 算法

图 7.5　新疆数据集的对比结果

第 7 章 基于 PCNN 的卫星多光谱影像与无人机航拍影像融合

(d) GS 算法　　　　　　(e) IHS 算法　　　　　　(f) PCA 算法

图 7.5　新疆数据集的对比结果（续）

新疆数据集的定量比较结果如表 7.2 所示，可以看出，本章算法的融合结果在传统评价指标上均优于其他算法。

表 7.2　新疆数据集的定量比较结果

指标	本章算法	MOF	ATWT	GS	IHS	PCA
QR	**0.6392**	0.5284	0.5130	0.3849	0.3752	0.3849
SAM/°	**1.9505**	22.3080	2.6495	7.3757	6.5175	7.3970

因此，与其他几种对比算法的结果相比，本章算法的光谱失真更少、空间纹理信息更丰富，这验证了本章算法的有效性。

7.4　本章小结

针对无人机航拍影像缺乏多光谱信息的问题，本章提出了一种基于 PCNN 的卫星多光谱影像与无人机航拍影像融合算法。由于 PCNN 模型符合人眼的视觉特性，因此可以将其引入影像融合的领域，从而获得光谱失真更小的融合影像，以便更好地保持空间纹理信息。此外，卫星多光谱影像与无人机航拍影像融合的对比实验也验证了本章算法的有效性。

第8章 PCNN 与高光谱影像融合

前面几个章节已经做了多光谱影像与全色影像、多光谱影像与 SAR 影像以及多光谱影像与无人机航拍影像的 PCNN 融合实验。随着遥感传感器的快速发展,高光谱传感器也应运而生,其获得的高光谱影像具有极其丰富的光谱信息,这使其具有更广泛的应用和发展前景。因此,本章提出了一种自适应改进 PCNN 的高光谱影像与多光谱影像融合算法。

8.1 研究背景

高光谱影像由于其光谱分辨率高、物体识别能力强,因此得到了迅速发展。然而,现有的高光谱影像的空间分辨率较低,这严重影响了人们识别地面物体的能力。因此,本章提出了一种自适应改进的 PCNN 模型,将高光谱影像的空间分辨率提升到多光谱影像的层次。首先,采用 MSD-MCC 波段匹配算法对高光谱影像与多光谱影像进行波段的匹配。然后,考虑邻域神经元的空间细节差异,对 PCNN 模型进行改进,得到 IPCNN(Improved PCNN)模型,并采用变色龙群优化算法(Chameleon Swarm Algorithm, CSA)优化 IPCNN 的关键参数。最后,将不规则的细节信息注入上采样的多光谱影像中,得到锐化融合的影像。为了验证本章算法的有效性,本章选取了 3 组有代表性的实验。实验结果证实本章算法可以得到高空间分辨率的高光谱影像。此外,与其他算法相比,本章算法获得了最佳的空间细节信息和光谱信息。几项消融实验还进一步验证了本章算法的有效性。

8.2 PCNN 与高光谱影像融合算法

8.2.1 算法总体框架

为解决高光谱锐化中的光谱失真和空间细节模糊的问题,本章提出了一种新

第 8 章　PCNN 与高光谱影像融合

的自适应改进的 PCNN 融合算法。高光谱锐化融合算法的流程图如图 8.1 所示（见彩图），主要包括以下 6 个模块：① MSD-MCC 波段匹配模块。② IPCNN 模型模块。③ CSA 优化 IPCNN 关键参数模块。④ 提取多光谱影像细节模块。⑤ 自适应注入增益模块。⑥ 融合输出模块。

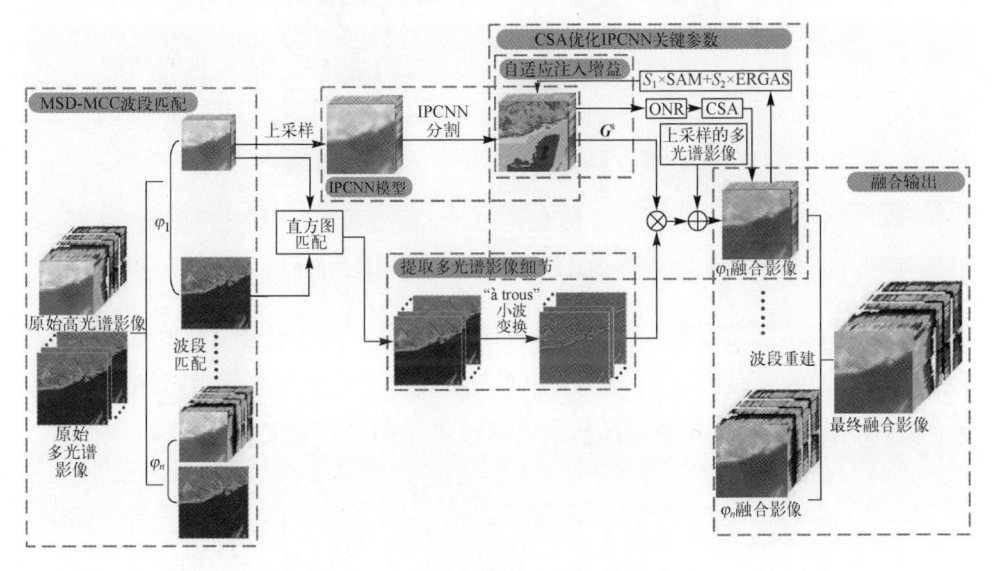

图 8.1　高光谱锐化融合算法的流程图

8.2.2　MSD-MCC 波段匹配

与全色锐化中多波段对单波段的波段匹配不同，高光谱锐化是一个多波段对多波段的波段融合过程。因此，在实际融合之前，将高光谱影像的波段与多光谱影像的波段进行波段匹配是一个重要的步骤，即确定选择多光谱影像中的某个波段区来锐化高光谱影像中的相应波段。高光谱影像的波段与多光谱影像的波段的分组示意图如图 8.2 所示。其中，HS 为高光谱影像，MS 为多光谱影像。传统的波段匹配算法包括最大交叉相关性（Maximum Cross-Correlation, MCC）算法和最小光谱失真（Minimum Spectral Distortion, MSD）算法[135]等。由于单一的波段匹配算法具有差异性，因此本章提出了一种联合 MSD 和 MCC 的波段匹配算法，以提高波段匹配的准确性。

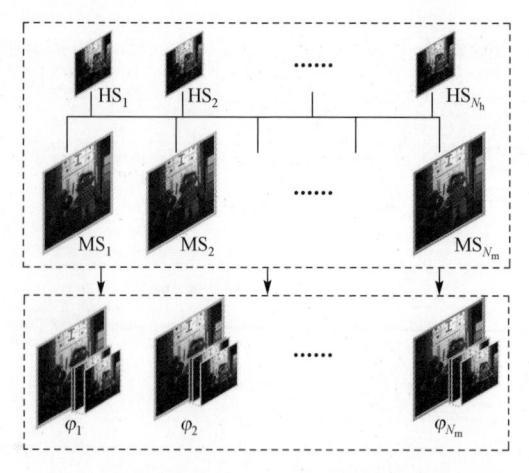

图 8.2 高光谱影像的波段与多光谱影像的波段的分组示意图

假设 H 表示高光谱影像，M 表示多光谱影像。h 和 m 分别表示高光谱影像和多光谱影像的波段数，N_h 和 N_m 分别表示高光谱影像和多光谱影像的总波段数。MSD-MCC 波段匹配算法的数学描述如式（8.1）～式（8.3）所示。

$$\mathrm{CC}(H_h, M_m^{r_h}) = \frac{\langle H_h, M_m^{r_h} \rangle}{\sqrt{\langle H_h, H_h \rangle \langle M_m^{r_h}, M_m^{r_h} \rangle}} \tag{8.1}$$

$$\mathrm{SAM}(H_h, M_m^{r_h}) = \left(\frac{1}{N_h}\right) \sum_{h=1}^{N_h} \arccos\left(\frac{\langle H_h, M_m^{r_h} \rangle}{\| H_h \|_2 \cdot \| M_m^{r_h} \|_2}\right) \tag{8.2}$$

$$\mathrm{MSD\text{-}MCC}(H_h, M_m^{r_h}) = \arg\min_m (E - \mathrm{CC}(H_h, M_m^{r_h})) \times \mathrm{SAM}(H_h, M_m^{r_h}) \tag{8.3}$$

式中，E 为 $N_m \times N_h$ 大小的单位矩阵，$<\ >$ 表示内积操作，$\|\ \|_2$ 表示 l_2 范数，r_h 表示高光谱影像与多光谱影像的空间分辨率的比值，H_h 表示高光谱影像的第 h 个波段，$M_m^{r_h}$ 表示 M_j 通过低通滤波下采样得到的影像。

8.2.3 IPCNN 模型

为了使 PCNN 模型更适用于高光谱影像的融合，本章提出了一种 IPCNN 模型。在标准 PCNN 模型中，反馈输入 F 为外部输入激励。然而，考虑到人眼对影像中边缘和方向的信息比对单个像素的信息更为敏感。因此，在 IPCNN 模型中，设计了一个新的反馈输入 SF，它综合考虑了影像在水平和垂直方向上局部邻域的空间差异。**SF** 的数学描述如式（8.4）～式（8.6）所示。

$$RF_{ij} = \sqrt{\frac{1}{M_1 \times M_2} \sum_{i=1}^{M_1} \sum_{j=2}^{M_2} [F(i,j) - F(i,j-1)]^2} \qquad (8.4)$$

$$CF_{ij} = \sqrt{\frac{1}{M_1 \times M_2} \sum_{i=2}^{M_1} \sum_{j=1}^{M_2} [F(i,j) - F(i-1,j)]^2} \qquad (8.5)$$

$$SF_{ij} = \sqrt{RF_{ij}^2 + CF_{ij}^2} \qquad (8.6)$$

式中，RF_{ij} 为反馈输入 F 在局部矩阵窗口 $M_1 \times M_2$ 内两个邻域神经元的行差。CF_{ij} 为反馈输入 F 在局部矩阵窗口 $M_1 \times M_2$ 内两个邻域神经元的列差。经过多次实验，本章将 $M_1 \times M_2$ 的值设置为 5×5。此外，为了加强局部邻域的影响，设计 I'_{ij} 为

$$I'_{ij} = \frac{1}{2}\left(H_{ij} + \sqrt{\frac{1}{M_1 \times M_2} \sum_{i=1}^{M_1} \sum_{j=1}^{M_2} H_{ij}^2}\right) \qquad (8.7)$$

式中，H_{ij} 为上采样的第 i 行、第 j 列的高光谱影像的像素值。

在对新的 **SF** 和 **I** 建模后，IPCNN 神经元的模型如图 8.3 所示。与标准 PCNN 模型相比，IPCNN 模型具有以下两个优势：① IPCNN 模型利用局部邻域的空间细节差异来刺激神经元的反馈输入，这可以用来描述局部细节的特征。② 在外部输入激励的部分，IPCNN 模型考虑了周围像素对中心像素的影响。

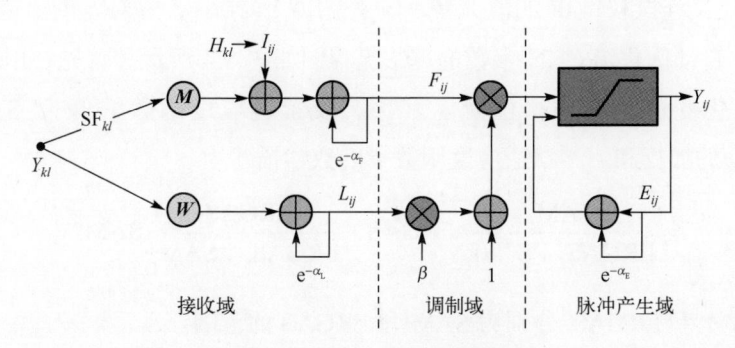

图 8.3 IPCNN 神经元的模型

8.2.4 CSA 优化 IPCNN 关键参数

CSA 算法是 Malik[136]提出的一种元启发式算法。该算法模拟了变色龙在树林、沼泽和沙漠附近觅食时的社会智能协同行为。CSA 算法为一种生物优化算法，用于寻找非线性、非凸性和其他复杂问题的全局最优值，可防止陷入寻找局部最优值的问题。

CSA 算法将变色龙觅食的过程数学化，包括初始化起始位置、远距离追踪猎物、通过眼球转动定位猎物，以及用舌头捕捉猎物。

与标准 PCNN 模型类似，合理地设置 IPCNN 模型的关键参数（$\alpha_F, \alpha_L, \alpha_E, \beta, W$）是极为重要的。IPCNN 参数的不同组合会导致不同的分割结果，如果分割区域过多，则分割区域的面积就会过小，进而影响计算注入增益的准确性和复杂性；反之，如果分割区域过少，则无法对每个区域进行区分或利用每个区域的特点。因此，不同的参数设置会导致不同的分割结果，而不同的分割结果会对最终的融合结果产生不同的影响。大多数研究人员选择简化 PCNN（Simplified PCNN, SPCNN）模型，或者针对不同的影像手动设置固定的参数。然而，针对不同影像的固定参数并不能为所有的影像都带来最佳的融合结果。因此，本章提出了一种基于 CSA 的 IPCNN 参数优化算法。该算法可用于设置 IPCNN 模型的关键参数（$\alpha_F, \alpha_L, \alpha_E, \beta, W$），且针对不同的输入影像能够自适应地生成最佳的参数。

本章定义连接权重 W 的值为 $W = [w,1,w;1,0,1;w,1,w]$，并对 w 的值进行优化。基于 CSA 自动优化 IPCNN 参数的算法流程图如图 8.4 所示。首先，用经典的参数值初始化变色龙的初始位置。其次，设置适应度函数的值为 SAM[119]和 ERGAS[120]的加权和。本章适应度函数 f 的数学描述为

$$f = \frac{\text{SAM}_r}{\text{ERGAS}_r + \text{SAM}_r}\text{ERGAS} + \frac{\text{ERGAS}_r}{\text{ERGAS}_r + \text{SAM}_r}\text{SAM} \tag{8.8}$$

式中，SAM_r 和 ERGAS_r 分别为 SAM 和 ERGAS 的范围。

由于高光谱影像中的波段过多，如果直接优化所有波段的参数将耗费大量的时间，且 MSD-MCC 波段匹配算法获得的相邻高光谱波段通常具有很强的相

关性。因此，本章考虑对每组中具有代表性的波段进行参数的优化，以便提高算法的优化效率。Wang 等提出了一种具有最优邻域重建（Optimal Neighborhood Reconstruction, ONR）的高光谱波段的选择算法[137]，该算法可以自适应地实现最优邻域重建，从而找到最能代表高光谱影像的波段子集。因此，在进行 IPCNN 参数优化之前，首先采用 ONR 波段选择算法进行波段的选择。此外，该算法还可以通过利用邻域波段的特性来减少噪声波段的影响。

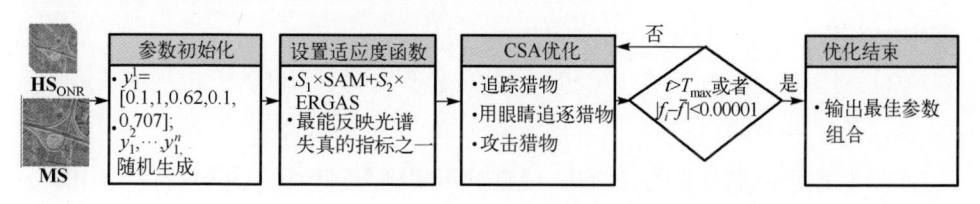

图 8.4 基于 CSA 自动优化 IPCNN 参数的算法流程图

为了提高效率，本章通过分析高光谱影像具有代表性的波段来确定最佳的 IPCNN 参数。如果两个波段非常相似，那么具有相似性的其他高光谱波段同样可以使用这些参数。在使用 ONR 波段选择算法从每组影像中选择具有代表性的波段时，如果每组影像中有 5 个以上的高光谱波段，则使用 ONR 波段选择算法选择其中的 5 个波段，组成最佳的波段子集。否则，保留该组影像中原始高光谱影像的所有波段。

8.2.5 提取影像细节

多尺度分析在遥感影像融合中表现出了卓越的能力。"à trous" 小波变换是一种非降采样的多尺度分析变换，由于其分解和重构的速度快，提取的空间细节信息丰富，因此被广泛用来解决影像融合的问题。本章对经过直方图匹配后的每个多光谱波段（与高光谱波段相匹配）进行 "à trous" 小波分解，提取多光谱影像中的空间细节信息。其中，"à trous" 小波分解后的低分辨率分量为近似影像，高分辨率分量为噪声和局部特征。将高分辨率分量全部置 0 后，小波重构可以得到低分辨率的多光谱影像 M_L。最后，利用式（8.9）计算得到多光谱影像的空间细节信息 M_d 为

$$M_d = M_{hm} - M_L \tag{8.9}$$

8.2.6 自适应细节注入与融合输出

利用 CSA 优化的 IPCNN 分割算法将高光谱影像划分为不同的不规则分割区域，每个不规则分割区域都要计算注入增益的值。该算法的执行主要分为以下 3 个步骤。

（1）初始化 IPCNN 模型，设置 $V_F = 0.5, V_L = 0.2, V_E = 20, Y[0] = L[0] = U[0] = 0$，$E[0] = V_E$。

（2）利用基于 CSA 的 IPCNN 参数优化算法优化 IPCNN 模型的关键参数（$\alpha_F, \alpha_L, \alpha_E, \beta, W$）。

（3）获取当前迭代 n 中 IPCNN 模型的不规则分割区域，并根据式（8.10）～式（8.12）计算注入增益 $G^k[n]$ 的值，即

$$R_{ij}[n] = \begin{cases} \dfrac{\mathrm{Cov}(H_k^u(i,j), M_L(i,j))}{\mathrm{Cov}(M_L(i,j), M_L(i,j))}, & Y_{ij}[n] \neq 0 \\ 0, & 其他 \end{cases} \quad (8.10)$$

$$g_{ij}^k = \mathrm{Corr}(H_k^u(i,j), M_L(i,j)) \frac{\mathrm{Std}(H_h)}{\mathrm{Std}(M_m)} \quad (8.11)$$

$$G_{ij}^k[n] = \begin{cases} g_{ij}^k \dfrac{\mathrm{Std}(H_k^u(i,j))}{\mathrm{Std}(M_L(i,j))}, & R_{ij}[n] > 0 \text{ 且 } Y_{ij}[n] \neq 0 \\ 1, & 其他 \end{cases} \quad (8.12)$$

式中，(i, j) 为影像的像素坐标，H^u 为上采样的高光谱影像，M_L 为低分辨率的多光谱影像，$Y[n]$ 为当前迭代中激发的神经元，R 为高光谱影像和多光谱影像之间的相关性，Corr 为相关系数，Cov 为协方差，Std 为标准差。

利用式（8.13）计算得到最终的融合结果为

$$FH_k = H_k^u + G^k M_d \quad (8.13)$$

式中，FH_k 为高分辨率的高光谱融合影像。

本章提出的自适应改进 PCNN 的高光谱影像与多光谱影像融合算法的伪代码如下所示。

Algorithm 1 AT-AIPCNN（"à trous"小波变换-自适应 IPCNN）算法

Input: H, M, r_h　　% 高光谱影像，多光谱影像，高光谱影像与多光谱影像的空间分辨率的比值

Output: FH　　% 高光谱影像的融合结果

for $i=1$ to N_h do
for $j=1$ to N_m do
　$(H_{\varphi_j}, M_j) \leftarrow$ MSD-MCC (H_{φ_j}, M_j)　　% 波段匹配
　$(H_{\varphi_j}, M_j) \leftarrow$ ONR (H_{φ_j}, M_j)　　% 波段选择
for $j=1$ to N_m do
for $t=1$ to T_{max} do
　$(y_j = \alpha_F, \alpha_L, \alpha_E, \beta, w) \leftarrow$ CSA (H_{φ_j}, M_j)　　% IPCNN 参数优化
　达到迭代停止条件
　$(y_b = \alpha'_F, \alpha'_L, \alpha'_E, \beta', w')$　　% 最优参数组合
for $j=1$ to N_m do
　$(H^u) \leftarrow$ upsampling (H)　　% 上采样的高光谱影像
　$(M_{hm}, H_{hm}) \leftarrow$ histogram matching (H_{φ_j}, M_j)　　% 直方图匹配
　$(M_L, M_d) \leftarrow$ "à trous" (M_j)　　% 提取多光谱影像的空间细节信息
　$(H_{hm}^{u'}) \leftarrow$ IPCNN (H_{hm}^u)　　% IPCNN 分割
　$G^* \leftarrow$ correlation $(M_L, H_{hm}^u, H_{hm}^{u'})$　　% 注入增益计算
　FH $\leftarrow$ MRA $(M_L, H_{hm}^u, H_{hm}^{u'})$　　% 融合输出

8.3 实验结果

8.3.1 实验数据集

本章利用由 ZY1-02D 卫星和 GF2 卫星上获取的 3 个真实的数据集来测试本章算法的有效性。ZY1-02D 卫星的高光谱传感器 AHSI 的光谱范围从可见光到短波红外（波长的范围为 395~2500nm），共 166 个波段，空间分辨率为 30m。GF2 卫星能够捕捉 4 个多光谱波段，光谱范围从可见光到近红外（波长的范围为 450~890nm），空间分辨率为 3.4m。对高光谱影像的融合，ZY1-02D 卫星高光谱影像的空间分辨率需要提升到 GF2 卫星多光谱影像的空间分辨率。数据集 1 为中国刘家峡水库的影像，主要由湖泊和村庄组成。数据集 2 为中国临夏市郊区的影像，

主要由山区组成。数据集 3 为中国永昌市农田区域的影像，主要由农田、丘陵和建筑物组成。3 个数据集的原始影像如图 8.5 所示（见彩图）。

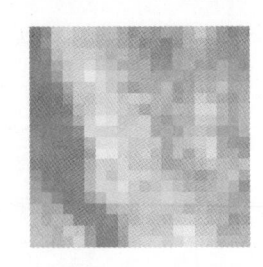

(a) 刘家峡数据集的高光谱影像　　(b) 临夏数据集的高光谱影像　　(c) 永昌数据集的高光谱影像

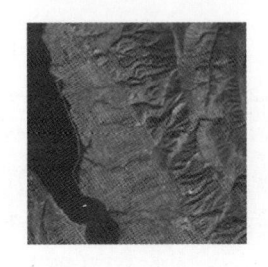

(d) 刘家峡数据集的多光谱影像　　(e) 临夏数据集的多光谱影像　　(f) 永昌数据集的多光谱影像

图 8.5　3 个数据集的原始影像

8.3.2　参数设置

本章实验的大部分程序是在 Intel CPU Core i7-13700K 和 NVIDIA GPU GeForce GTX 3090 上通过 MATLAB2020a 软件执行的。在基于 CSA 的 IPCNN 参数自适应优化中，本章将变色龙种群的数量设置为 20，最大的迭代次数设置为 30。

将本章算法与其他 9 种算法进行比较，这 9 种算法主要包括自适应 GS（GS Adaptive, GSA）算法[138]、基于平滑滤波的强度调制（Smoothing Filtered-based Intensity Modulation, SFIM）算法[139]、广义拉普拉斯金字塔（Generalized Laplacian Pyramid, GLP）算法[140]、CNMF 算法[141]、非局部稀疏张量分解（NonLocal Sparse Tensor Factorization, NLSTF）算法[142]、NLSTF_SMBF 算法[142]、HYSURE 算法[143]、基于 Sylvester 方程的快速融合（Fast fUsion based on Sylvester Equation, FUSE）算法[144]和 UDALN 算法[145]。其中，GSA 算法属于 GS 算法，SFIM 算法和 GLP 算

法属于多分辨率分析算法，CNMF 算法属于矩阵分解算法，NLSTF 算法和 NLSTF_SMBF 算法属于张量分解算法，而 HYSURE 算法和 FUSE 算法属于基于贝叶斯的算法。此外，GSA 算法、SFIM 算法和 GLP 算法不需要设置参数。NLSTF/NLSTF_SMBF 算法的主要参数设置如表 8.1 所示。UDALN 算法由 PyTorch 实现，参数设置与文献[145]相同，其他比较算法的参数设置与文献[146]相同。

表 8.1 NLSTF/NLSTF_SMBF 算法的主要参数设置

算法	主要参数
NLSTF/NLSTF_SMBF	3种不同字典的原子序数： $l_W = 10, l_H = 10, l_S = 14$ 稀疏正则化参数： $\lambda = 10^{-6}, \lambda_1 = 10^{-5}, \lambda_2 = 10^{-5}, \lambda_3 = 10^{-6}$ 聚缩放参数：$K = 151$ 光谱响应矩阵 R 由 HYSURE[143]算法估计

通过 8 个定量指标分别从光谱和空间细节两方面综合评价本章算法融合影像的质量。这 8 个定量指标包括 SAM[119]、ERGAS[120]、PSNR[146]、RMSE[147]、通用影像质量指数（Universal Image Quality Index, UIQI）[147]、结构相似性指标（Structural Similarity Index Measurement, SSIM）[148-149]、互相关（Cross Correlation, CC）[150]和光谱失真度（Degree of Distortion, DD）[151]。RMSE、ERGAS、SAM 和 DD 的最优值为 0，而 SSIM、UIQI 和 CC 的最优值为 1，PSNR 的最优值为正无穷。

PSNR 用来衡量融合影像与参考影像之间的空间相似性。一般来说，PSNR 越大，融合影像与参考影像的空间相似度就越高。PSNR 的数学描述为式（7.3）。RMSE 为两幅影像之间的偏差，其数学描述为式（4.7）。ERGAS 是一个反映光谱失真和空间细节差异的综合指标，其数学描述为式（4.5）。SAM 用来计算光谱向量之间的相似度，其值越小，表示光谱保真越好。SAM 的数学描述为式（4.4）。UIQI 利用亮度和对比度计算两幅影像之间的相似度。对一个 $a \times b$ 的窗口，Q4 的数学描述为式（4.6），UIQI 的数学描述为

$$\text{UIQI}(\mathbf{FH}, \mathbf{F}) = \frac{1}{N_h} \sum_{h=1}^{N_h} \text{Q4}(\mathbf{FH}_h, \mathbf{F}_h) \tag{8.14}$$

式中，$\mathbf{FH}$ 为参考影像，$\mathbf{F}$ 为融合影像，N_h 为高光谱影像的总波段数，$\mathbf{FH}_h$ 为参考影像的第 h 个波段，$\mathbf{F}_h$ 为融合影像的第 h 个波段。

SSIM 分别从亮度失真、对比度失真和结构失真 3 方面对两幅影像的结构相似性进行比较。SSIM 的数学描述如式（8.15）～式（8.16）所示，即

$$\mathrm{SSIMS}(a,b) = \frac{(2\mu_a\mu_b + C_1)(\sigma_a\sigma_b + C_2)}{(\mu_a^2 + \mu_b^2 + C_1)(\sigma_a^2 + \sigma_b^2 + C_2)} \tag{8.15}$$

$$\mathrm{SSIM}(\mathbf{FH},\mathbf{F}) = \frac{1}{N_h}\sum_{h=1}^{N_h}\mathrm{SSIMS}(\mathbf{FH}_h,\mathbf{F}_h) \tag{8.16}$$

式中，C_1 和 C_2 是用来保证上述过程稳定进行的两个无穷小的常量。

DD 是用来评价光谱质量的指标，其值越小，光谱保真越好。若其值为 0，则表示没有光谱失真。DD 的数学描述为

$$\mathrm{DD}(\mathbf{FH},\mathbf{F}) = \frac{1}{T}\|\mathrm{vec}(\mathbf{FH}) - \mathrm{vec}(\mathbf{F})\|_1 \tag{8.17}$$

式中，T 为参考影像的总像素个数，vec 表示将矩阵转为向量的形式，$\|\ \|_1$ 为 l_1 范数。

CC 表示两幅影像之间的空间相关性，其数学描述如式（8.18）～式（8.19）所示，即

$$\mathrm{CCS}(a,b) = \frac{\sum_{i=1}^{H}\sum_{j=1}^{W}(a_{ij} - \mu_a)(b_{ij} - \mu_b)}{\sqrt{\sum_{i=1}^{H}\sum_{j=1}^{W}(a_{ij} - \mu_a)^2(b_{ij} - \mu_b)^2}} \tag{8.18}$$

$$\mathrm{CC}(\mathbf{FH},\mathbf{F}) = \frac{1}{N_h}\sum_{h=1}^{N_h}\mathrm{CCS}(\mathbf{FH}_h,\mathbf{F}_h) \tag{8.19}$$

式中，$\mathbf{FH}_h$ 为参考影像的第 h 个波段，$\mathbf{F}_h$ 为融合影像的第 h 个波段，μ 为平均值。

8.3.3　实验观测结果

刘家峡数据集融合影像的彩色合成图（35、14 和 7 分别输入 RGB 通道）如图 8.6 所示（见彩图），图中放大了局部区域以便于观察。从图 8.6 中可以看出，GSA 算法、SFIM 算法、GLP 算法、CNMF 算法、HYSURE 算法、UDALN 算法和 FUSE 算法的融合影像的颜色较深。本章算法、NLSTF 算法、NLSTF_SMBF 算法的融合影像在光谱保真方面表现较好。然而，NLSTF 算法和 NLSTF_SMBF

算法的空间细节模糊成块。刘家峡数据集融合影像的 SAM 误差图如图 8.7 所示（见彩图），可以看出，所有算法的光谱失真均主要发生在水库和山地的边界。其中，NLSTF 算法和 NLSTF_SMBF 算法的光谱失真最大。此外，UDALN 算法在水库的光谱失真较大，而本章算法、SFIM 算法和 GLP 算法在 SAM 误差图中的表现较好。刘家峡数据集的定量比较结果如表 8.2 所示。其中，最佳的结果用粗体表示，次优的结果用下画线表示，可以看出，在所有的定量指标中，本章算法均获得了最好的性能，这表明本章算法在光谱保真和细节保持方面均具有很大的优势。

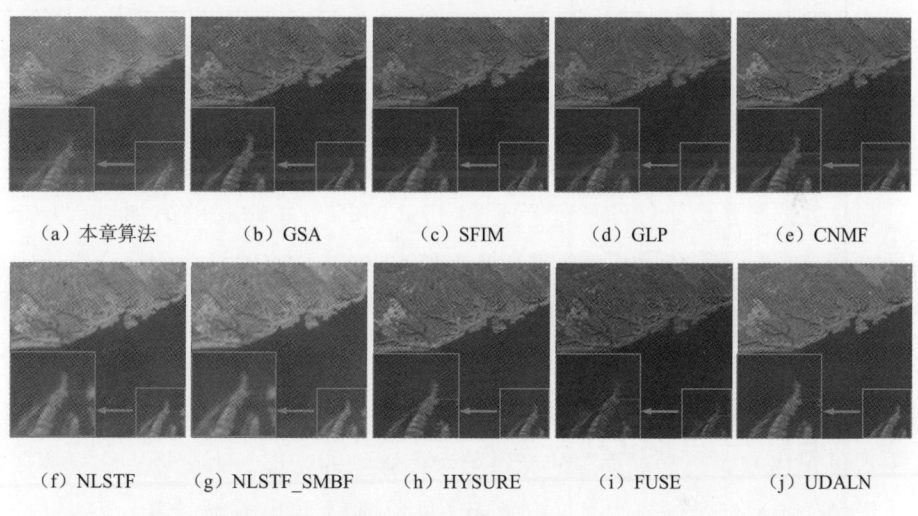

（a）本章算法　（b）GSA　（c）SFIM　（d）GLP　（e）CNMF

（f）NLSTF　（g）NLSTF_SMBF　（h）HYSURE　（i）FUSE　（j）UDALN

图 8.6　刘家峡数据集融合影像的彩色合成图（35、14 和 7 分别输入 RGB 通道）

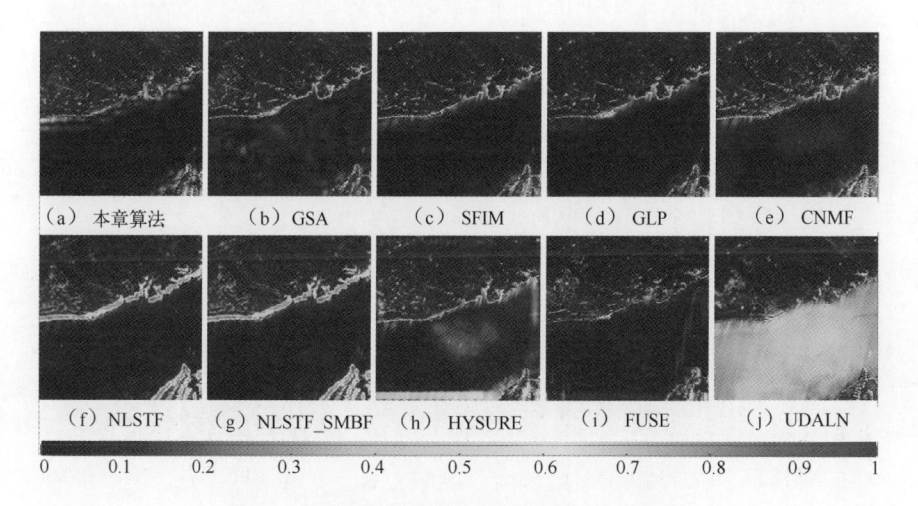

（a）本章算法　（b）GSA　（c）SFIM　（d）GLP　（e）CNMF

（f）NLSTF　（g）NLSTF_SMBF　（h）HYSURE　（i）FUSE　（j）UDALN

图 8.7　刘家峡数据集融合影像的 SAM 误差图

表 8.2 刘家峡数据集的定量比较结果

算法	PSNR/dB	RMSE	ERGAS	SAM/°	UIQI	SSIM	DD	CC
本章算法	**37.6677**	**5.0560**	**1.2971**	1.5961	**0.7252**	**0.9296**	**2.3748**	**0.9863**
GSA	27.6248	17.2337	5.1195	2.1357	0.5535	0.8875	11.6032	0.9767
SFIM	25.8724	21.2343	6.8882	1.7852	0.5902	0.8613	14.6026	0.9768
GLP	25.6146	21.8812	7.2056	<u>1.7573</u>	<u>0.5920</u>	0.8588	15.0508	<u>0.9777</u>
CNMF	26.7564	18.9197	5.8796	2.1720	0.4619	0.8707	12.8621	0.9653
NLSTF	26.7253	18.3908	4.4832	5.3202	0.3553	0.7393	11.5977	0.8935
NLSTF_SMBF	25.4524	19.5991	7.4406	9.6997	0.2621	0.6833	12.1336	0.8094
HYSURE	27.9512	16.5909	4.8475	2.2759	0.4725	0.8862	11.2004	0.9685
FUSE	23.1458	29.1700	11.5544	3.7671	0.4466	0.7746	20.1469	0.9606
UDALN	<u>30.1948</u>	<u>13.0902</u>	<u>3.1310</u>	6.7527	0.4611	<u>0.8917</u>	<u>8.4485</u>	0.9555

临夏数据集融合影像的彩色合成图（35、14 和 7 分别输入 RGB 通道）如图 8.8 所示（见彩图），可以看出，NLSTF 算法和 NLSTF_SMBF 算法的融合影像中均出现了较大的色差和块状的模糊。此外，SFIM 算法融合影像的颜色暗淡。GSA 算法融合影像的光谱失真较大，而 SFIM 算法和 GLP 算法融合影像的空间细节信息较少。本章算法、GSA 算法和 UDALN 算法都具有精细的空间细节信息。在主观可视化方面，本章算法的光谱与参考影像的光谱最为接近。临夏数据集融合影像的 SAM 误差图如图 8.9 所示（见彩图），可以看出，在山脊、陆地和湖泊的边界处更容易出现光谱失真。虽然 SFIM 算法的融合影像在大部分区域的光谱失真较小，但在某些局部区域仍表现出较大的光谱失真。NLSTF 算法和 NLSTF_SMBF 算法的光谱失真较大，而本章算法的结果则表现得较好。临夏数据集的定量比较结果如表 8.3 所示，最佳的结果用粗体表示，次优的结果用下画线表示，可以看出，本章算法取得了最佳的指标结果。

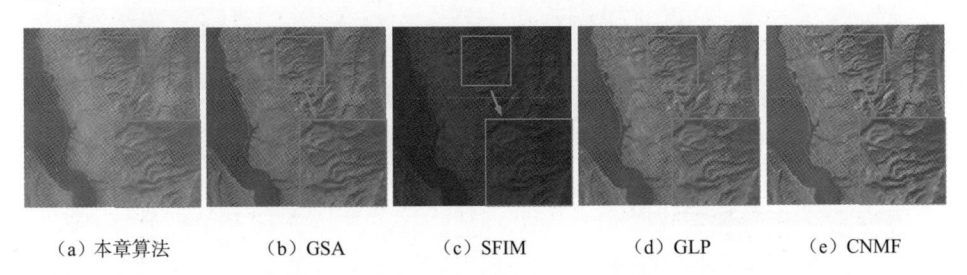

(a) 本章算法　　　(b) GSA　　　(c) SFIM　　　(d) GLP　　　(e) CNMF

图 8.8　临夏数据集融合影像的彩色合成图（35、14 和 7 分别输入 RGB 通道）

(f) NLSTF　　(g) NLSTF_SMBF　　(h) HYSURE　　(i) FUSE　　(j) UDALN

图 8.8　临夏数据集融合影像的彩色合成图（35、14 和 7 分别输入 RGB 通道）（续）

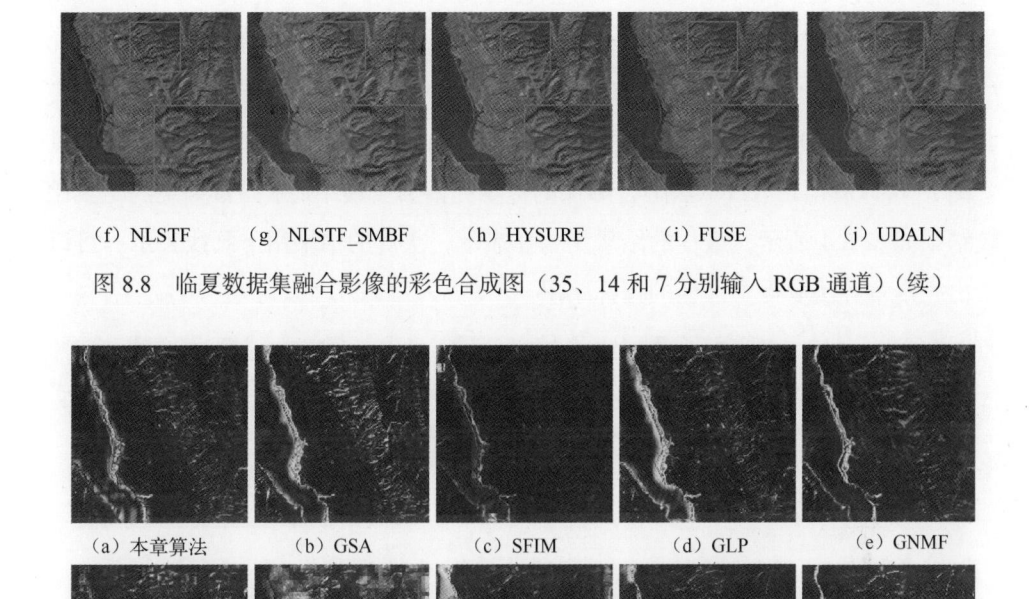

(a) 本章算法　　(b) GSA　　(c) SFIM　　(d) GLP　　(e) GNMF

(f) NLSTF　　(g) NLSTF_SMBF　　(h) HYSURE　　(i) FUSE　　(j) UDALN

图 8.9　临夏数据集融合影像的 SAM 误差图

表 8.3　临夏数据集的定量比较结果

算法	PSNR/dB	RMSE	ERGAS	SAM/°	UIQI	SSIM	DD	CC
本章算法	**36.2331**	**5.7254**	**0.9960**	1.9634	**0.8498**	**0.9067**	**3.4608**	**0.9645**
GSA	27.7164	16.0083	3.0327	2.6527	0.8158	0.8716	12.4741	0.9393
SFIM	17.7201	52.0659	22.7315	2.5678	0.3656	0.5387	42.0473	0.9452
GLP	29.1091	13.5721	2.4955	2.3762	0.8256	0.8826	10.5857	0.9526
CNMF	29.4453	12.4878	2.3389	2.8221	0.7854	0.8723	8.9418	0.8916
NLSTF	26.7873	16.4622	3.5301	4.5579	0.6711	0.7826	12.6480	0.8645
NLSTF_SMBF	22.4454	27.2926	9.9383	13.5531	0.4817	0.6763	20.5441	0.7075
HYSURE	29.1139	13.4809	2.4710	2.5469	0.8084	0.8665	10.3741	0.9299
FUSE	27.7103	16.0556	3.0428	2.8151	0.7959	0.8657	12.5806	0.9403
UDALN	28.3250	13.5625	2.5555	2.7875	0.7535	0.8709	10.3336	0.8834

永昌数据集融合影像的彩色合成图（35、14 和 7 分别输入 RGB 通道）如图 8.10 所示（见彩图），可以看出，CNMF 算法、NLSTF 算法、NLSTF_SMBF 算法的融合结果都出现了光谱失真。永昌数据集融合影像的 SAM 误差图如图 8.11 所示（见彩图），可以看出，本章算法融合影像的边缘光谱失真最小。永昌数据集的定量比较结果如表 8.4 所示，最佳的结果用粗体表示，次优的结果用下画线表示，可以看出，本章算法取得了最佳的指标结果。

(a) 本章算法　　(b) GSA　　(c) SFIM　　(d) GLP　　(e) CNMF

(f) NLSTF　　(g) NLSTF_SMBF　　(h) HYSURE　　(i) FUSE　　(j) UDALN

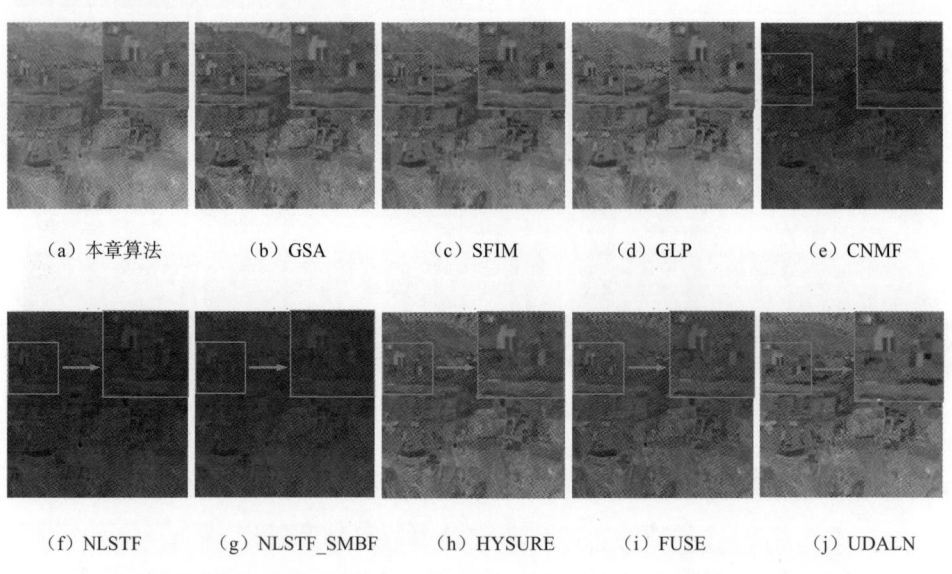

图 8.10　永昌数据集融合影像的彩色合成图（35、14 和 7 分别输入 RGB 通道）

(a) 本章算法　　(b) GSA　　(c) SFIM　　(d) GLP　　(e) CNMF

(f) NLSTF　　(g) NLSTF_SMBF　　(h) HYSURE　　(i) FUSE　　(j) UDALN

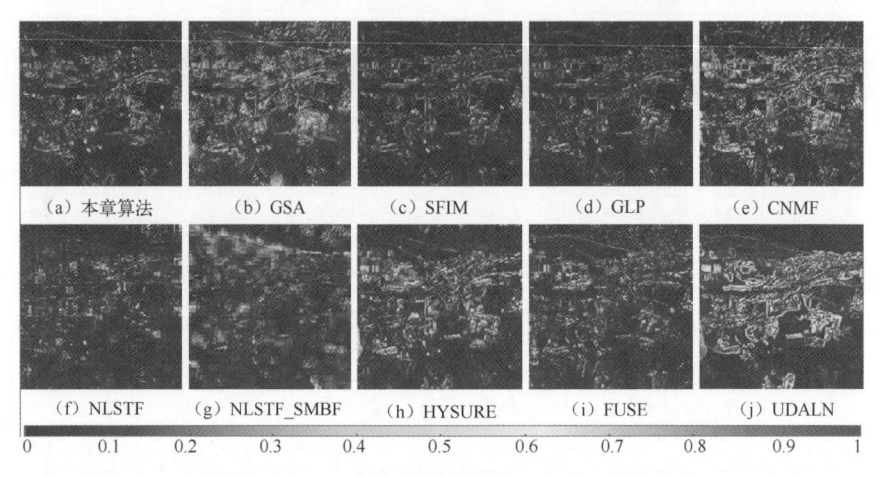

图 8.11　永昌数据集融合影像的 SAM 误差图

表 8.4 永昌数据集的定量比较结果

算法	PSNR/dB	RMSE	ERGAS	SAM/°	UIQI	SSIM	DD	CC
本章算法	**31.8816**	**11.0828**	**1.8716**	**4.4585**	**0.4979**	**0.6417**	**7.1603**	**0.7057**
GSA	30.6948	12.9507	2.4569	5.1439	0.4744	0.6385	8.6661	0.6708
SFIM	30.4540	13.0830	2.5290	5.4665	0.4785	0.6243	8.5827	0.6538
GLP	31.4697	11.7546	2.2168	5.3264	0.4885	0.6284	7.2407	0.6606
CNMF	26.2153	21.5673	4.4503	6.3250	0.2844	0.5582	15.7905	0.4523
NLSTF	19.0226	51.3424	23.8635	12.8057	0.1418	0.3850	41.4662	0.3664
NLSTF_SMBF	19.5615	48.5621	21.1652	10.6630	0.1434	0.4451	38.9230	0.3652
HYSURE	26.1247	22.0403	4.6897	5.4368	0.4061	0.5953	16.4566	0.5652
FUSE	23.8007	29.0302	7.0905	7.2528	0.3347	0.5344	22.4866	0.5202
UDALN	27.9588	17.2212	2.9768	6.1002	0.3413	0.6091	12.1402	0.4833

8.3.4 消融实验

本章开展了 3 项消融实验分别对 MSD-MCC 波段匹配、ONR 波段选择和 CSA 自适应优化 IPCNN 参数共 3 方面的内容进行评价。此外，本章还研究了不同参数优化算法之间的差异。

MSD-MCC 波段匹配的消融实验结果如表 8.5 所示，列出了采用不同的波段匹配算法（MSD-MCC、MSD、MCC）在 3 个数据集上的融合结果，最佳的结果用粗体表示，次优的结果用下画线表示。在数据集 1（刘家峡）上，MSD-MCC 表现得最佳。此外，在数据集 2（临夏）和数据集 3（永昌）上，MSD-MCC 也取得了相对较好的融合结果。以上结果充分说明了 MSD-MCC 波段匹配算法的有效性。

表 8.5 MSD-MCC 波段匹配的消融实验结果

算法	PSNR/dB	RMSE	ERGAS	SAM/°	UIQI	SSIM	DD	CC
MSD-MCC（数据集1）	**37.6677**	**5.0560**	**1.2971**	**1.5961**	**0.7252**	**0.9296**	**2.3748**	**0.9863**
MSD（数据集1）	37.1726	5.2919	1.4142	1.7293	0.7139	0.9215	2.5195	0.9847
MCC（数据集1）	37.2604	5.3198	1.3380	1.6597	0.7113	0.9237	2.5311	0.9852
MSD-MCC（数据集2）	36.2331	5.7254	0.9960	1.9634	0.8498	0.9067	3.4608	0.9645
MSD（数据集2）	36.3003	5.6917	0.9988	1.9721	0.8493	0.9059	3.4370	0.9645

续表

算法	PSNR/dB	RMSE	ERGAS	SAM/°	UIQI	SSIM	DD	CC
MCC（数据集2）	35.0948	6.4739	1.1504	2.0009	0.8383	0.9017	4.2271	<u>0.9634</u>
MSD-MCC（数据集3）	**31.8816**	**11.0828**	**1.8716**	<u>4.4585</u>	0.4979	0.6417	**7.1603**	0.7057
MSD（数据集3）	28.4326	16.8280	2.2748	**4.1073**	**0.5638**	**0.7168**	12.6765	**0.7755**
MCC（数据集3）	<u>31.2056</u>	<u>12.2060</u>	<u>1.9122</u>	4.8604	<u>0.5026</u>	<u>0.6967</u>	<u>8.1791</u>	<u>0.7334</u>

为了评价 ONR 波段选择的效率，本章比较了使用 ONR 和未使用 ONR 的融合结果及完成影像融合的时间。ONR 波段选择的消融实验结果如表 8.6 所示，较优的结果用粗体表示，较差的结果用下画线表示，可以看出，使用 ONR 波段选择后，影像融合的时间减少了 84%以上，而影像融合的精度几乎保持不变。实验结果表明，ONR 波段选择大大节省了影像融合的时间成本。

表 8.6　ONR 波段选择的消融实验结果

条件	PSNR/dB	RMSE	ERGAS	SAM/°	UIQI	SSIM	DD	CC	Time/s
使用ONR（数据集1）	**37.6677**	**5.0560**	**1.2971**	**1.5961**	**0.7252**	**0.9296**	**2.3748**	**0.9863**	**221.1**
未使用ONR（数据集1）	<u>37.3746</u>	<u>5.2096</u>	<u>1.3166</u>	<u>1.6199</u>	<u>0.7143</u>	<u>0.9272</u>	<u>2.5202</u>	<u>0.9859</u>	<u>1937.6</u>
使用ONR（数据集2）	<u>36.2331</u>	**5.7254**	**0.9960**	**1.9634**	<u>0.8498</u>	**0.9067**	**3.4608**	<u>0.9645</u>	**132.1**
未使用ONR（数据集2）	**36.3467**	<u>5.6366</u>	<u>0.9918</u>	<u>1.9085</u>	**0.8533**	<u>0.9082</u>	<u>3.3977</u>	**0.9646**	<u>1794.2</u>
使用ONR（数据集3）	**31.8816**	**11.0828**	<u>1.8716</u>	<u>4.4585</u>	<u>0.4979</u>	<u>0.6417</u>	<u>7.1603</u>	<u>0.7057</u>	**179.2**
未使用ONR（数据集3）	<u>30.9860</u>	<u>12.2864</u>	**1.8764**	**4.1296**	**0.5532**	**0.7081**	**8.6389**	**0.7665**	<u>1219.2</u>

为了验证使用 CSA 优化 IPCNN 参数的合理性，将 CSA 算法与其他 3 种参数优化算法进行比较。其他 3 种参数优化算法包括麻雀搜索算法（Sparrow Search Algorithm, SSA）[152]、改进的灰狼优化（Improved Grey Wolf Optimizer, IGWO）算法[153]和增强鲸鱼优化算法（Enhanced Whale Optimization Algorithm, EWOA）[154]。CSA 算法与其他 3 种参数优化算法的比较结果如表 8.7 所示，最佳的结果用粗体表示，次优的结果用下画线表示。从表 8.7 中可知，在数据集 1 上，CSA 算法相较 SSA 算法、IGWO 算法和 EWOA 算法取得了最好的客观评价结果。在数据集 2 和数据集 3 上，CSA 算法的结果相对较好。总体来说，CSA 算法的用时较短，效率较高。

表 8.7 CSA 算法与其他 3 种参数优化算法的比较结果

算法	PSNR/dB	RMSE	ERGAS	SAM/°	UIQI	SSIM	DD	CC	Time/s
CSA（数据集1）	**37.6677**	**5.0560**	**1.2971**	**1.5961**	**0.7252**	**0.9296**	**2.3748**	**0.9863**	<u>221.1</u>
SSA（数据集1）	37.0112	5.4224	1.4200	1.6315	0.6999	0.9289	2.8151	0.9860	267.9
IGWO（数据集1）	37.1760	5.3224	1.3947	<u>1.6253</u>	0.7051	0.9291	2.7133	<u>0.9861</u>	394.6
EWOA（数据集1）	<u>37.3093</u>	<u>5.2504</u>	<u>1.3730</u>	1.6361	<u>0.7099</u>	0.9291	<u>2.6281</u>	<u>0.9861</u>	**162.6**
CSA（数据集2）	36.2331	5.7254	**0.9960**	**1.9634**	**0.8498**	**0.9067**	3.4608	**0.9645**	**132.1**
SSA（数据集2）	**36.2738**	<u>5.7156</u>	1.0086	1.9955	0.8466	0.9056	<u>3.4595</u>	0.9643	214.3
IGWO（数据集2）	<u>36.2348</u>	**5.7139**	<u>1.0024</u>	<u>1.9743</u>	<u>0.8478</u>	<u>0.9059</u>	<u>3.4537</u>	0.9640	246.4
EWOA（数据集2）	36.2304	5.7458	1.0128	2.0058	0.8473	0.9056	3.4952	<u>0.9644</u>	**122.1**
CSA（数据集3）	**31.8816**	**11.0828**	**1.8716**	4.4585	0.4979	0.6417	**7.1603**	0.7057	<u>179.2</u>
SSA（数据集3）	30.1932	13.5601	1.9849	<u>4.1381</u>	<u>0.5554</u>	<u>0.7070</u>	9.7518	<u>0.7679</u>	199.2
IGWO（数据集3）	<u>30.7599</u>	<u>12.6262</u>	<u>1.9081</u>	<u>4.1242</u>	<u>0.5539</u>	**0.7080**	<u>8.9401</u>	<u>0.7672</u>	280.4
EWOA（数据集3）	30.3997	13.2174	1.9643	4.1652	0.5525	0.7043	9.4456	0.7671	**137.6**

本章对经过和未经过 CSA 参数优化的融合结果进行定量分析，以验证 CSA 算法对融合结果的影响。通常情况下，传统的 IPCNN 参数一般设置为经典值，即 $\alpha_F=0.1$，$\alpha_L=1$，$\alpha_E=0.62$，$\beta=0.1$，$w=0.5$。IPCNN 参数的消融实验结果如表 8.8 所示，较优的结果用粗体表示，较差的结果用下画线表示，可以看出，在 3 个数据集中，本章算法（基于 CSA 的自适应 IPCNN 参数优化算法）的结果在大多数情况下都明显优于传统算法的结果，这表明本章算法有效地提高了融合影像的质量。

表 8.8 IPCNN 参数的消融实验结果

算法	PSNR/dB	RMSE	ERGAS	SAM/°	UIQI	SSIM	DD	CC
本章算法（数据集1）	**37.6677**	**5.0560**	**1.2971**	**1.5961**	**0.7252**	**0.9296**	**2.3748**	**0.9863**
传统算法（数据集1）	<u>29.4710</u>	<u>13.8064</u>	<u>3.8469</u>	<u>1.6911</u>	<u>0.6480</u>	<u>0.9020</u>	<u>9.1179</u>	<u>0.9818</u>
本章算法（数据集2）	**36.2331**	**5.7254**	**0.9960**	**1.9634**	**0.8498**	**0.9067**	**3.4608**	**0.9645**
传统算法（数据集2）	<u>34.1057</u>	<u>7.2630</u>	1.2945	1.9978	0.8346	0.9043	<u>5.0036</u>	<u>0.9629</u>
本章算法（数据集3）	**31.8816**	11.0828	1.8716	<u>4.4585</u>	<u>0.4979</u>	<u>0.6417</u>	**7.1603**	<u>0.7057</u>
传统算法（数据集3）	<u>29.7485</u>	<u>14.3252</u>	<u>2.0709</u>	4.2138	0.5481	0.6916	<u>10.3473</u>	0.7591

8.4 本章小结

本章提出了一种自适应改进 PCNN 的高光谱影像与多光谱影像融合算法。首先，通过 MSD-MCC 将高光谱波段和多光谱波段匹配以获取波段的分组结果。然后，对每组中的高光谱影像进行 ONR 波段选择处理，以提高后续自适应优化参数的效率。根据遥感影像融合应用的特点，本章提出的 IPCNN 模型可以获得不规则分割区域的空间细节信息。另外，本章还设计了基于 CSA 的 IPCNN 参数优化算法，以形成最佳的融合影像。总之，本章提出的算法简单易行，在各种数据集（包括水库、山地、城镇和河流）上都取得了较好的融合结果。最后，本章开展了多次的消融实验，证实了本章算法的有效性。

第 9 章 总结与展望

9.1 多源遥感影像配准与融合的研究总结

由于 PCNN 模型是基于视皮层神经元构建的，因此它在影像处理等众多应用中体现出了巨大的潜力。然而，结合 PCNN 模型的特点，开展多源遥感影像配准与融合的研究仍是一个较新的且有价值的研究课题。

本书的研究内容和创新点主要分为以下 7 部分。

（1）传统的基于影像分割的遥感影像配准算法大多将分割与配准分为两个独立的步骤，缺乏配准质量对分割结果的反馈。对不同的配准数据集，如果仅使用单次分割的结果，可能会导致配准质量存在差异。针对这一问题，本书提出了一种集分割与配准一体化的遥感影像配准算法。该算法将 PCNN 模型中待优化的参数添加到 SMA 中。SMA 的迭代可以将每次影像配准的质量反馈给分割参数，从而自适应地优化 PCNN 的分割参数，并重新进行分割。随后，利用区域拟合归一化与 SURF 特征描述符对分割区域进行描述，接着通过最近邻距离比与 FCS 算法对分割区域进行匹配，并最终计算配准模型的参数。本书将所提出的算法应用于无人机与高分二号卫星捕获的高分遥感影像数据集，并通过对比试验与经典的 SIFT 算法、SURF 算法、MSER 算法进行对比。实验结果表明，本书算法在保证较多正确匹配数的同时，提高了配准的精度，从而验证了其在遥感影像配准应用中的有效性。

（2）由于使用单一特征检测可能会丢失遥感影像中的其他潜在特征信息，且较少的正确匹配数会影响遥感影像配准的质量。因此，本书提出一种基于 PCNN 分割与点特征的多源遥感影像配准算法。首先，利用 UR-SIFT 算法获得空间、尺度分布均匀的 SIFT 特征点，并使用尺度约束与主方向约束策略对粗匹配点集进行剔错。其次，利用自适应 PCNN 分割算法获得分割区域，采用局部特征描述符

GLOH 特征描述符与 Hu 不变矩特征描述符对分割区域进行描述，并使用联合得分最近邻距离比对分割区域进行匹配。最后，采用 FSC 算法剔除错误匹配对，并计算配准模型的参数。本书将所提出的算法应用于 4 组来自不同传感器的遥感影像数据集，并与其他几种算法进行对比。实验结果表明，本书算法获得的配准精度与正确匹配数最优，验证了本书算法在多源遥感影像配准中的有效性。

（3）由于传统的全色锐化融合算法在将高分辨率影像细节信息注入多光谱影像时，大多采用固定的矩形框进行信息的统计和细节的注入，而没有考虑像素间的相关性，这将导致方块效应，特别是高分辨率影像的边缘更容易出现光谱失真。为此，本书提出一种基于 PCNN 分割特性的遥感影像全色锐化融合算法。该算法能够在非规则区域进行信息的统计和细节的注入。实验结果表明，该算法在减少光谱失真的同时，可以丰富融合影像的纹理细节。

（4）由于 PCNN 模型参数众多，不同的参数设置会导致影像分割结果差异显著，这不利于后续非规则区域细节注入增益的估计，进而严重影响融合结果的稳定性。为此，本书提出一种自适应参数优化的 PCNN 遥感影像全色锐化融合算法。该算法首先利用 SMA 优化 PCNN 模型的分割结果，寻找最优 PCNN 参数组合 $(\alpha_F, \beta, \alpha_E)$。其次，利用 PCNN 模型分割的不规则区域自适应地计算细节注入增益。最后，按照多分辨率分析的算法进行影像的锐化融合。实验结果表明，本书算法在保证高空间分辨率的同时，能很好地保留其光谱信息。

（5）无人机航拍影像具有高空间分辨率和丰富的纹理信息，但光谱信息匮乏，这不利于遥感信息的解译。为此，本书提出了一种基于 PCNN 的卫星多光谱影像与无人机航拍影像融合算法。该算法通过二次融合方案逐级提高多光谱影像的空间分辨率，同时在融合中利用 PCNN 符合人眼视觉特性的非规则区域分割特性进行注入增益的计算。实验结果表明，本书算法可以同时获得无人机航拍影像的亚米级分辨率和多光谱影像的光谱信息。

（6）本书结合多源遥感影像融合应用的特点和符合人眼视觉特性的 PCNN 模型的特点，提出一种可应用于多源遥感影像融合的改进 PCNN 模型。针对复杂地貌的高分辨率影像实验表明，与传统算法相比，新的模型的光谱保真和细节保持更好。同时，新的模型同样可以用于对 SAR 影像的融合任务，在较多地保持光谱特征的前提下，能够获得具有散射信息的融合影像。

（7）高光谱影像虽然对地物细分的精度较高，但由于其空间分辨率较低，因此在地物解译中普遍存在混合像元的干扰。为此，本书提出一种多光谱影像与高光谱影像融合算法。该算法不仅设计了一种可用于多光谱波段与高光谱波段匹配的 MSD-MCC 算法，还提出了一种 IPCNN 模型，并成功基于该模型实现了高光谱影像的融合。

9.2 多源遥感影像融合的发展趋势

本书将 PCNN 模型应用于遥感影像配准与融合的研究，并获得了一定的研究成果。然而，在研究过程中，本书依然发现了以下 5 个问题，并据此提出了后续的研究方向。

（1）本书的研究局限于视皮层神经网络模型中最具有代表性的 PCNN 模型。然而，其他视皮层神经网络模型，如 ICM 模型、SCM 模型等，在多源遥感影像融合中同样可以带来相似的结果。因此，下一步的工作将包括探索和尝试其他视皮层神经网络模型在多源遥感影像融合中的应用。

（2）本书提出的 PPCNN 模型已成功应用于全色影像、多光谱影像、SAR 影像、无人机航拍影像和高光谱影像的融合，并取得了较好的效果。接下来，本书将进一步探索和尝试该模型在其他领域的应用。

（3）为了使模型对遥感影像的处理更加贴近人的视觉感知，本书将把更多的人眼视觉特性激励（例如，视觉掩盖效应、视觉适应性等）融合到改进模型中。

（4）PCNN 模型作为一种不需要训练的神经网络模型，具有其独特的优势。如果在遥感影像处理的不同阶段能够灵活地结合训练和非训练的方法，相信这将有助于人们在时间和处理效果上达到更优的平衡。

（5）本书深入探索了全色影像、无人机航拍影像、多光谱影像、高光谱影像和 SAR 影像的多源遥感影像融合，未来还将尝试将点云等影像形式纳入遥感影像融合的研究范畴。

总之，无论是针对模型完善性的理论研究，还是针对多源遥感影像融合的应用研究，人们都可以开展进一步深入的研究工作。这些研究工作将构成本书下一步的研究方向。

参 考 文 献

[1] VIVONE G, MURA M D, GARZELLI A, et al. A new benchmark based on recent advances in multispectral pansharpening: revisiting pansharpening with classical and emerging pansharpening methods[J]. IEEE Geoscience and Remote Sensing Magazine, 2020, 9(1): 53-56.

[2] WALD L. Some terms of reference in data fusion[J]. IEEE Transactions on Geoscience and Remote Sensing, 2002, 37(3): 1190-1193.

[3] 贾永红, 李德仁, 孙家柄. 多源遥感影像数据融合[J]. 遥感技术与应用, 2000, 15(1): 41-44.

[4] ALPARONE L, BARONTI S, AIAZZI B, et al. Remote sensing image fusion[J]. Crc Press, 2015.

[5] QI Z, YEH A, LI J, et al. A land clearing index for high-frequency unsupervised monitoring of land development using multi-source optical remote sensing images[J]. ISPRS Journal of Photogrammetry and Remote Sensing, 2022, 187: 393-421.

[6] CAO X, CHEN W, GE X, et al. Multidimensional soil salinity data mining and evaluation from different satellites[J]. Science of the Total Environment, 2022, 846: 157416.

[7] TANG Y W, QIU F, JING L H, et al. A recurrent curve matching classification method integrating within-object spectral variability and between-object spatial association[J]. International Journal of Applied Earth Observation and Geoinformation, 2021, 101: 102367.

[8] HU Q, WOLDT W, NEALE C, et al. Utilizing unsupervised learning, multi-view imaging, and CNN-based attention facilitates cost-effective wetland mapping[J]. Remote Sensing of Environment, 2021, 267: 112757.

[9] 童庆禧, 孟庆岩, 杨杭. 遥感技术发展历程与未来展望[J]. 城市与减灾, 2018(6): 2-11.

[10] JOHNSON J L, PADGETT M L. PCNN models and applications[J]. IEEE Transactions on Neural Networks, 1999, 10(3): 480-498.

参 考 文 献

[11] 马义德，李廉，绽琨，等. 脉冲耦合神经网络与数字图像处理[M]. 北京：科学出版社，2008.

[12] MA Y, ZHAN K, WANG Z. Applications of pulse coupled neural networks[M]. Higher Education Press, 2010.

[13] WANG Z B, XU M Z, ZHANG Y N. Quantum pulse coupled neural network[J]. Neural Networks, 2022, 152: 105-117.

[14] VIVONE G. Multispectral and hyperspectral image fusion in remote sensing: a survey[J]. Information Fusion, 2023, 89: 405-417.

[15] WADY S M, BENTOUTOU Y, BENGERMIKH A, et al. A new IHS and wavelet based pansharpening algorithm for high spatial resolution satellite imagery[J]. Advances in Space Research, 2020, 66(7): 1507-1521.

[16] 罗晓清，吴小俊. 结合熵主成分变换与优化算法的遥感图像融合[J]. 计算机应用，2013，33(2): 468-471.

[17] LABEN C A, BROWER B V. Process for enhancing the spatial resolution of multispectral imagery using pan-sharpening: US09/069232[P]. US06011875A[2024-04-29].

[18] MALLAT S G. A theory for multiresolution signal decomposition: the wavelet representation[J]. IEEE Transactions on Pattern Analysis and Machine Intelligence, 1989, 11(7): 674-693.

[19] NASON G. The stationary wavelet transform and some statistical applications[J]. Lecture Notes in Statistics 103, Wavelets and Statistics, 1995.

[20] SHENSA M J. The discrete wavelet transform: wedding the a trous and mallat algorithms[J]. IEEE Transactions on Signal Processing, 1992, 40(10): 2464-2482.

[21] 肖新耀，许宁，尤红建. 一种基于 à trous 小波和联合稀疏表示的遥感图像融合算法[J]. 遥感技术与应用，2015，30(5): 1021-1026.

[22] VIVONE G, MARANO S, CHANUSSOT J. Pansharpening: context-based generalized Laplacian pyramids by robust regression[J]. IEEE Transactions on Geoscience and Remote Sensing, 2020, 58(9): 6152-6167.

[23] 殷明，庞纪勇，魏远远，等. 结合 NSDTCT 和稀疏表示的遥感图像融合[J]. 光子学报，2016，45(1): 10-17.

[24] 武晓焱, 柴晶, 刘帆, 等. 基于最小 Hausdorff 距离和 NSST 的遥感图像融合[J]. 光子学报, 2018, 2(1): 1-12.

[25] 丰明博, 刘学, 赵冬. 多/高光谱遥感图像的投影和小波融合算法[J]. 测绘学报, 2014, 43(2): 158-163.

[26] PALSSON F, SVEINSSON J R, ULFARSSON M O. A new pansharpening algorithm based on total variation[J]. IEEE Geoscience and Remote Sensing Letters, 2014, 11(1): 318-322.

[27] JOHNSON L, RANGANATH H, KUNTIMAD G, et al. Pulse coupled neural networks[M]. In Neural Networks and Pattern Recognition, 1998.

[28] 林德布, 凯泽. 脉冲耦合神经网络图像处理（第 2 版）[M]. 马义德, 绽琨, 王兆滨, 译. 北京: 高等教育出版社, 2008.

[29] EKBLAD U, KINSER J M, ATMER J, et al. The intersecting cortical model in image processing[J]. Nuclear Instruments and Methods in Physics Research, 2004, 525(1-2): 392-396.

[30] ZHAN K, ZHANG H, MA Y. New spiking cortical model for invariant texture retrieval and image processing[J]. IEEE Transactions on Neural Networks, 2009, 20(12): 1980-1986.

[31] WANG Z B, MA Y. Medical image fusion using m-PCNN[J]. Information Fusion, 2008, 9(2): 176-185.

[32] ZHAO Y Q, ZHAO Q P, HAO A. Extended multi-channel pulse coupled neural network model[J]. International Journal of Applied Mathematics and Statistics, 2013, 48(18): 91-98.

[33] JIANG L B, ZHANG D, CHE L. Texture analysis-based multi-focus image fusion using a modified pulse coupled neural network[J]. Signal Processing: Image Communication, 2021, 91: 116068.

[34] YAN T, WU P, QIAN Y H, et al. Multiscale fusion and aggregation PCNN for 3D shape recovery[J]. Information Sciences, 2020, 536: 277-297.

[35] 李小军. PCNN 改进模型及其在不变纹理检索和最短路径求解中应用[D]. 甘肃: 兰州大学, 2012.

[36] SHI C, MIAO Q G, XU P. A novel algorithm of remote sensing image fusion based on Shearlets and PCNN[J]. Neurocomputing, 2013, 117(14): 47-53.

[37] 金星, 李晖晖, 时丕丽. 非下采样 Contourlet 变换与脉冲耦合神经网络相结合的 SAR 与多光谱图像融合[J]. 中国图象图形学报, 2012, 17(9): 143-150.

[38] WANG M, SHANG X. An improved simplified PCNN model for salient region detection[J]. The Visual Computer, 2022(1): 38.

[39] YAN T, WU P, QIAN Y H, et al. Multiscale fusion and aggregation PCNN for 3D shape recovery[J]. Information Sciences, 2020, 536: 277-297.

[40] MCCULLOCH W S, PITTS W. A logical calculus of the ideas immanent in nervous activity[J]. Bulletin of Mathematical Biophysics, 1943, 5(4): 115-133.

[41] ECKHORN R, REITBOECK H J, ARNDT M, et al. A neural network for feature linking via synchronous activity: results from cat visual cortex and from simulations[M]. In Models of Brain Function, Cambridge, U.K.: Cambridge University Press, 1989, 255-272.

[42] REITBOECK H J, ECKHORN R, ARNDT M, et al. A model for feature linking via correlated neural activity[C]. Proceedings of the International Symposium at Schloss Elmau, 1989, 112-125.

[43] ECKHORN R, REITBOECK H J, ARNDT M, et al. Feature linking via synchronization among distributed assemblies: simulation of results from cat cortex[J]. Neural Computing, 1990, 2(3): 293-307.

[44] RYBAK I A, SHEVTSOVA N A, PODLADCHIKOVA L N, et al. A visual cortex domain model and its use for visual information processing[J]. Neural Networks, 1991, 4(1): 3-13.

[45] RYBAK I A, SHEVTSOVA N A, SANDIER V M. The model of a neural network visual preprocessor[J]. Neurocomputing, 1992, 4(1-2): 93-102.

[46] LINDBLAD T, KINSER J M. Image processing using pulse coupled neural networks[M]. Seconded. New York: Springer press, 2005.

[47] SUBASHINI M M, SAHOO S K. Pulse coupled neural networks and its applications[J]. Expert Systems with Applications, 2014, 41(8): 3965-3974.

[48] LZHIKEVICH E M. Theoretical foundations of pulse coupled models[J]. IEEE World Congress on Computational Intelligence, 1998, 3(1): 2547-2550.

[49] LZHIKEVICH E M. Class 1 neural excitability, conventional synapses, weakly connected networks, and mathematical foundations of pulse coupled models[J]. IEEE Transactions on Neural Networks, 1999, 10(3): 499-507.

[50] LIU Q, MA Y D. A new algorithm for noise reducing of image based on PCNN time matrix[J].

Journal of Electronics and Information Technology, 2008, 30(8): 1869-1873.

[51] 刘勃, 马义德, 钱志柏. 一种基于交叉熵的改进型 PCNN 图像自动分割新算法[J]. 中国图象图形学报, 2005, 10(5): 579-584.

[52] SHI M, JIANG S, WANG H, et al. A simplified pulse coupled neural network for adaptive segmentation of fabric defects[J]. Machine Vision and Applications, 2009, 20(2): 131-138.

[53] 马义德, 齐春亮, 钱志柏, 等. 基于脉冲耦合神经网络和施密特正交基的一种新型图像压缩编码算法[J]. 电子学报, 2006, 34(7): 1255-1259.

[54] WANG Z B, MA Y D, GU J. Multi-focus image fusion using PCNN [J]. Pattern Recognition, 2010, 43(6): 2003-2016.

[55] BROUSSARD R P, ROGERS S K, OXLEY M E, et al. Physiologically motivated image fusion for object detection using a pulse coupled neural network[J]. IEEE Transactions on Neural Networks, 1999, 10(3): 554-563.

[56] 张军英, 梁军利. 基于脉冲耦合神经网络的图像融合[J]. 计算机仿真, 2004, 21(4): 102-104.

[57] HUANG W, JING Z L. Multi-focus image fusion using pulse coupled neural network[J]. Pattern Recognition Letters, 2007, 28(9): 1123-1132.

[58] JOHNSON J L. Pulse coupled neural nets: translation, rotation, scale, distortion, and intensity signal invariance for images[J]. Applied Optics, 1994, 33(26): 6239-6253.

[59] MA Y D, LIU L, ZHAN K, et al. Pulse coupled neural networks and one-class support vector machines for geometry invariant texture retrieval[J]. Image and Vision Computing, 2010, 28(11): 1524-1529.

[60] 杨丽云, 周冬明, 赵东风, 等. 基于 DPCNN 的无向赋权图的最小生成树的求解[J]. 云南大学学报(自然科学版), 2008, 30(2): 142-147.

[61] YU B, ZHANG L. Pulse coupled neural networks for contour and motion matchings[J]. IEEE Transactions on Neural Networks, 2004, 15(5): 1186-1201.

[62] KINSER J M. Foveation by a pulse coupled neural network[J]. IEEE Transactions on Neural Networks, 1999, 10(3): 621-625.

[63] KINSER J M. A simplified pulse coupled neural network[C]. Proceeding of SPIE, 1996, 2760: 563-569.

[64] EKBLAD U, KINSER J M, ATMERA J, et al. The intersecting cortical model in image

processing[J]. Nuclear Instruments and Methods in Physics Research Section A: Accelerators, Spectrometers, Detectors and Associated Equipment, 2004, 525(1-2): 392-396.

[65] ZHAN K, ZHANG H J, MA Y D. New spiking cortical model for invariant texture retrieval[J]. IEEE Transactions on Neural Networks, 2009, 20(12): 1980-1986.

[66] ZITOVA B, FLUSSER J. Image registration methods: a survey[J]. Image and Vision Computing, 2003, 21(11): 977-1000.

[67] 张萌生. 多源高分辨率遥感影像配准算法研究[D]. 甘肃：兰州交通大学，2021.

[68] 余先川，吕中华，胡丹. 遥感图像配准技术综述[J]. 光学精密工程，2013, 21(11): 2960-2972.

[69] PAUL S, PATI U C. A comprehensive review on remote sensing image registration[J]. International Journal of Remote Sensing, 2021, 42(14): 5396-5432.

[70] KLEIN S, STARING M, MURPHY K, et al. Elastix: a toolbox for intensity-based medical image registration[J]. IEEE Transactions on Medical Imaging, 2009, 29(1): 196-205.

[71] ZHU B, ZHOU L, PU S, et al. Advances and challenges in multimodal remote sensing image registration[J]. IEEE Journal on Miniaturization for Air and Space Systems, 2023, 4(2): 165-174.

[72] HISHAM M B, YAAKOB S N, RAOF R A, et al. Template matching using sum of squared difference and normalized cross correlation[C]//IEEE Student Conference on Research & Development, 2016.

[73] MAHMOOD A, KHAN S. Correlation-coefficient-based fast template matching through partial elimination[J]. IEEE Transactions on Image Processing, 2011, 21(4): 2099-2108.

[74] ZHANG J, ZAREAPOOR M, HE X, et al. Mutual information based multi-modal remote sensing image registration using adaptive feature weight[J]. Remote Sensing Letters, 2018, 9(7): 646-655.

[75] LI Y, CHEN C, YANG F, et al. Hierarchical sparse representation for robust image registration[J]. IEEE Transactions on Pattern Analysis and Machine Intelligence, 2017, 40(9): 2151-2164.

[76] WONG A, CLAUSI D A. ARRSI: Automatic registration of remote-sensing images[J]. IEEE Transactions on Geoscience and Remote Sensing, 2007, 45(5): 1483-1493.

[77] FANG D, LV X, YUN Y, et al. An InSAR fine registration algorithm using uniform tie points

based on Voronoi diagram[J]. IEEE Geoscience and Remote Sensing Letters, 2017, 14(8): 1403-1407.

[78] HEL-OR Y, HEL-OR H, DAVID E. Matching by tone mapping: photometric invariant template matching[J]. IEEE Transactions on Pattern Analysis and Machine Intelligence, 2013, 36(2): 317-330.

[79] LIANG J, LIU X, HUANG K, et al. Automatic registration of multisensor images using an integrated spatial and mutual information (SMI) metric[J]. IEEE Transactions on Geoscience and Remote Sensing, 2013, 52(1): 603-615.

[80] 钱叶青, 蔡国榕, 吴云东, 等. 一种 PSO 与互信息的多视角遥感图像配准算法[J]. 辽宁工程技术大学学报(自然科学版), 2015, 34(10): 1201-1206.

[81] WU Y, MA W, MIAO Q, et al. Multimodal continuous ant colony optimization for multisensor remote sensing image registration with local search[J]. Swarm and Evolutionary Computation, 2019, 47: 89-95.

[82] YE Y, SHAN J, BRUZZONE L, et al. Robust registration of multimodal remote sensing images based on structural similarity[J]. IEEE Transactions on Geoscience and Remote Sensing, 2017, 55(5): 2941-2958.

[83] YAN X, ZHANG Y, ZHANG D, et al. Multimodal image registration using histogram of oriented gradient distance and data-driven grey wolf optimizer[J]. Neurocomputing, 2020, 392: 108-120.

[84] 眭海刚, 刘畅, 干哲, 等. 多模态遥感图像匹配算法综述[J]. 测绘学报, 2022, 51(9): 1848-1861.

[85] LOWE D G. Object recognition from local scale-invariant features[C]//Proceedings of the seventh IEEE International Conference on Computer Vision, 1999.

[86] LOWE D G. Distinctive image features from scale-invariant keypoints[J]. International Journal of Computer Vision, 2004, 60: 91-110.

[87] HARRIS C, STEPHENS M. A combined corner and edge detector[C]//Alvey Vision Conference, 1988.

[88] BAY H, ESS A, TUYTELAARS T, et al. Speeded-up robust features (SURF)[J]. Computer

Vision and Image Understanding, 2008, 110(3): 346-359.

[89] ALCANTARILLA P F, BARTOLI A, DAVISON A J. KAZE features[C]//Computer Vision-ECCV 2012: 12th European Conference on Computer Vision, Florence, Italy, October 7-13, 2012, Proceedings, Part VI 12. Springer Berlin Heidelberg, 2012: 214-227.

[90] RUBLEE E, RABAUD V, KONOLIGE K, et al. ORB: An efficient alternative to SIFT or SURF[C]//2011 International Conference on Computer Vision. IEEE, 2011: 2564-2571.

[91] 李孚煜, 叶发茂. 基于SIFT的遥感图像配准技术综述[J]. 国土资源遥感, 2016, 28(2): 14-20.

[92] SEDAGHAT A, MOKHTARZADE M, EBADI H. Uniform robust scale-invariant feature matching for optical remote sensing images[J]. IEEE Transactions on Geoscience and Remote Sensing, 2011, 49(11): 4516-4527.

[93] 叶沅鑫, 慎利, 陈敏, 等. 局部相位特征描述的多源遥感影像自动匹配[J]. 武汉大学学报(信息科学版), 2017, 42(9): 1278-1284.

[94] MA W, WU Y, ZHENG Y, et al. Remote sensing image registration based on multifeature and region division[J]. IEEE Geoscience and Remote Sensing Letters, 2017, 14(10): 1680-1684.

[95] YE Y, WANG M, HAO S, et al. A novel keypoint detector combining corners and blobs for remote sensing image registration[J]. IEEE Geoscience and Remote Sensing Letters, 2020, 18(3): 451-455.

[96] CANNY J. A computational approach to edge detection[J]. IEEE Transactions on Pattern Analysis and Machine Intelligence, 1986(6): 679-698.

[97] SOBEL I. Neighborhood coding of binary images for fast contour following and general binary array processing[J]. Computer Graphics and Image Processing, 1978, 8(1): 127-135.

[98] MARR D, HILDRETH E. Theory of edge detection[J]. Proceedings of the Royal Society of London. Series B. Biological Sciences, 1980, 207(1167): 187-217.

[99] FJORTOFT R, LOPES A, MARTHON P, et al. An optimal multiedge detector for SAR image segmentation[J]. IEEE Transactions on Geoscience and Remote Sensing, 1998, 36(3): 793-802.

[100] 熊友谊, 乔纪纲, 张文金. 基于线特征的鱼眼图像与地面激光雷达点云配准[J]. 测绘通报, 2021, 532(7): 74-80.

[101] 李映, 崔杨杨, 韩晓宇, 等. 基于线特征和控制点的可见光和 SAR 图像配准方法[J]. 自动化学报, 2012, 38(12): 1968-1974.

[102] 李芳芳, 贾永红, 肖本林, 等. 利用线特征和 SIFT 点特征进行多源遥感影像配准[J]. 武汉大学学报(信息科学版), 2010, 35(2): 233-236.

[103] OTSU N. A threshold selection method from gray-level histograms[J]. IEEE Transactions on Systems, 1979, 9(1): 62-66.

[104] DHANACHANDRA N, MANGLEM K, CHANU Y J. Image segmentation using K-means clustering algorithm and subtractive clustering algorithm[J]. Procedia Computer Science, 2015, 54: 764-771.

[105] HOJJATOLESLAMI S A, KITTLER J. Region growing: a new approach[J]. IEEE Transactions on Image Processing, 1998, 7(7): 1079-1084.

[106] 苏娟, 李彬, 王延钊. 一种基于封闭均匀区域的 SAR 图像配准算法[J]. 电子与信息报, 2016, 38(12): 3282-3288.

[107] OKORIE A, MAKROGIANNIS S. Region-based image registration for remote sensing imagery[J]. Computer Vision and Image Understanding, 2019, 189: 102825.

[108] 倪鼎, 马洪兵. 基于区域生长的多源遥感图像配准[J]. 自动化学报, 2014, 40(6): 1058-1067.

[109] 徐川. 基于多特征多测度的光学与SAR 影像自动配准方法研究[D]. 湖北:武汉大学, 2013.

[110] LI S, CHEN H, WANG M, et al. Slime mould algorithm: A new method for stochastic optimization[J]. Future Generation Computer Systems, 2020, 111: 300-323.

[111] TEAGUE M R. Image analysis via the general theory of moments[J]. Josa, 1980, 70(8): 920-930.

[112] 王晓华, 邓喀中, 杨化超. 集成 MSER 和 SIFT 特征的遥感影像自动配准算法[J]. 光电工程, 2013, 40(12): 31-38.

[113] WU Y, MA W, GONG M, et al. A novel point-matching algorithm based on fast sample consensus for image registration[J]. IEEE Geoscience and Remote Sensing Letters, 2014, 12(1): 43-47.

[114] MIKOLAJCZYK K, SCHMID C. A performance evaluation of local descriptors[J]. IEEE Transactions on Pattern Analysis and Machine Intelligence, 2005, 27(10): 1615-1630.

[115] YI Z, ZHIGUO C, YANG X. Multi-spectral remote image registration based on SIFT[J]. Electronics Letters, 2008, 44(2): 1.

[116] LI Q, WANG G, LIU J, et al. Robust scale-invariant feature matching for remote sensing image registration[J]. IEEE Geoscience and Remote Sensing Letters, 2009, 6(2): 287-291.

[117] ZHANG W, HE J G. Construction and generalization of Hu moment invariants[J]. Journal of Computer Applications, 2010, 30(9): 244.

[118] AIAZZI B, BARONTI S, SELVA M, et al. Bi-cubic interpolation for shift-free pan-sharpening[J]. ISPRS Jouranl of Photogrammetry and Remote Sensing, 2013, 86(1): 65-76.

[119] GOETZ A, BOARDMAN W, YUNAS R. Discrimination among semi-arid landscape endmembers using the Spectral Angle Mapper (SAM) algorithm[C]//Proceedings Summaries of the 3rd Annual JPL Airborne Geoscience Workshop, 1992.

[120] WALD L. Data fusion, definitions and architectures: fusion of images of different spatial resolutions[M]. Presses des MINES: Paris, France, 2002.

[121] ALPARONE L, BARONTI S, GARZELLI A, et al. A global quality measurement of pan-sharpened multispectral imagery[J]. IEEE Geoscience and Remote Sensing Letters, 2004, 1(4): 313-317.

[122] GARZELLI A, NENCINI F. Hypercomplex quality assessment of multi/hyperspectral images[J]. IEEE Geoscience and Remote Sensing Letters, 2009, 6(4): 662-665.

[123] VIVONE G, RESTAINO R, MURA M D, et al. Contrast and error-based fusion schemes for multispectral image pansharpening[J]. IEEE Geoscience and Remote Sensing Letters, 2013, 11(5): 930-934.

[124] PSJR C, SIDES S C, ANDERSON J A. Comparison of three different methods to merge multiresolution and multispectral data: Landsat TM and SPOT panchromatic[J]. Photogrammetric Engineering and Remote Sensing, 1991, 57(3): 265-303.

[125] GILLESPIE A R, KAHLE A B, WALKER R E. Color enhancement of highly correlated images. II. Channel ratio and "chromaticity" transformation techniques[J]. Remote Sensing of Environment, 1987, 22(3): 343-365.

[126] TU T M, SU S C, HUANG P S, et al. A new look at IHS like image fusion methods[J].

Information Fusion, 2001, 2(3): 177-186.

[127] AIAZZI B, ALPARONE L, BARONTI S, et al. Context-driven fusion of high spatial and spectral resolution images based on oversampled multiresolution analysis[J]. IEEE Transactions on Geoscience and Remote Sensing, 2002, 40(10): 2300-2312.

[128] JIN C, DENG L, HUANG T, et al. Laplacian pyramid networks: A new approach for multispectral pansharpening[J]. Information Fusion, 2022, 78: 158-170.

[129] RESTAINO R, VIVONE G, DALLA M M, et al. Fusion of multispectral and panchromatic images based on morphological operators[J]. IEEE Transactions on Image Processing, 2016, 25(6): 2882-2895.

[130] LI X, YAN H, YANG S, et al. Multispectral pansharpening approach using pulse coupled neural network segmentation[J]. The International Archives of the Photogrammetry, Remote Sensing and Spatial Information Sciences, 2018, 42(3): 961-965.

[131] VIVONE G, ALPARONE L, CHANUSSOT J, et al. A critical comparison among pansharpening algorithms[J]. IEEE Transactions on Geoscience and Remote Sensing, 2015, 53(5): 2565-2586.

[132] OTAZU X, GONZALEZ-AUDICANA M, FORS O, et al. Introduction of sensor spectral response into image fusion methods. Application to wavelet-based methods[J]. IEEE Transactions on Geoscience and Remote Sensing, 2005, 43(10): 2376-2385.

[133] 李小军，闫浩文，杨树文，等. 一种多光谱遥感影像与航拍影像融合算法[J]. 遥感信息，2019, 34(4): 11-15.

[134] 万刚. 无人机测绘技术及应用[M]. 北京：测绘出版社，2015.

[135] PICONE D, RESTAINO R, VIVONE G, et al. Band assignment approaches for hyperspectral sharpening[J]. IEEE Geoscience and Remote Sensing Letters, 2017, 14: 739-743.

[136] BRAIK M. Chameleon swarm algorithm: a bio-inspired optimizer for solving engineering design problems[J]. Expert Systems with Applications, 2021, 174: 114685.

[137] WANG Q, ZHANG F, LI X. Hyperspectral band selection via optimal neighborhood reconstruction[J]. IEEE Transactions on Geoscience and Remote Sensing, 2020, 58(12): 8465-8476.

[138] DIAN R, LI S, SUN B, et al. Recent advances and new guidelines on hyperspectral and multispectral image fusion[J]. Information Fusion, 2021, 69(2): 40-51.

[139] LIU J G. Smoothing Filter-based Intensity Modulation: A spectral preserve image fusion technique for improving spatial details[J]. International Journal of Remote Sensing, 2000, 21(18): 3461-3472.

[140] AIAZZI B, ALPARONE L, BARONTI S, et al. MTF-tailored Multiscale Fusion of High-resolution MS and Pan Imagery[J]. Photogrammetric Engineering and Remote Sensing, 2015, 72(5): 591-596.

[141] YOKOYA N, YAIRI T, IWASAKI A. Coupled nonnegative matrix factorization unmixing for hyperspectral and multispectral data fusion[J]. IEEE Transactions on Geoscience and Remote Sensing, 2012, 50(2): 528-537.

[142] DIAN R, LI S, FANG L, et al. Nonlocal sparse tensor factorization for semiblind hyperspectral and multispectral images fusion[J]. IEEE Transactions on Cybernetics, 2020, 50(10): 4469-4480.

[143] SIMÕES M, BIOUCAS D J, ALMEIDA L B, et al. A convex formulation for hyperspectral image superresolution via subspace-based regularization[J]. IEEE Transactions on Geoscience and Remote Sensing, 2015, 53(6): 3373-3388.

[144] WEI Q, BIOUCAS D J, DOBIGEON N, et al. Hyperspectral and multispectral image fusion based on a sparse representation[J]. IEEE Transactions on Geoscience and Remote Sensing, 2015, 53(7): 3658-3668.

[145] LI J, ZHENG K, YAO J, et al. Deep unsupervised blind hyperspectral and multispectral data fusion[J]. IEEE Geoscience and Remote Sensing Letters, 2022, 19: 1-5.

[146] YOKOYA N, GROHNFELDT C, CHANUSSOT J. Hyperspectral and multispectral data fusion: a comparative review of the recent literature[J]. IEEE Geoscience and Remote Sensing Magazine, 2017, 5(2): 29-56.

[147] SARA D, MANDAVA A K, KUMAR A, et al. Hyperspectral and multispectral image fusion techniques for high resolution applications: a review[J]. Earth Science Informatics, 2021, 14: 1685-1705.

[148] WANG Z, BOVIK A C, SHEIKH H R, et al. Image quality assessment: from error visibility to structural similarity[J]. IEEE Transactions on Image Processing, 2004, 13(4): 600-612.

[149] BRUNET D, VRSCAY E R, WANG Z. On the mathematical properties of the structural similarity index[J]. IEEE Transactions on Image Processing, 2011, 21(4): 1488-1499.

[150] TIAN X, LI K, ZHANG W, et al. Interpretable model-driven deep network for hyperspectral, multispectral, and panchromatic image fusion[J]. IEEE Transactions on Neural Networks and Learning Systems, 2023.

[151] LI S, DIAN R, FANG L, et al. Fusing hyperspectral and multispectral images via coupled sparse tensor factorization[J]. IEEE Transactions on Image Processing, 2018, 27(8): 4118-4130.

[152] XUE J, SHEN B. A novel swarm intelligence optimization approach: sparrow search algorithm[J]. Systems Science and Control Engineering, 2020, 8(1): 22-34.

[153] NADIMI-SHAHRAKI M, TAGHIAN S, MIRJALILI S. An improved grey wolf optimizer for solving engineering problems[J]. Expert Systems with Applications, 2020, 166: 113917.

[154] NADIMI-SHAHRAKI M, ZAMANI H, MIRJALILI S. Enhanced whale optimization algorithm for medical feature selection: A COVID-19 case study[J]. Computers in Biology and Medicine, 2022, 148: 105858.